Albert Bronner

Angebots- und Projektkalkulation

T0203091

Albert Bronner

Angebots- und Projektkalkulation

Leitfaden für Praktiker

3., aktualisierte Auflage

Mit 90 Abbildungen

 Springer

Prof. Dr.-Ing. Albert Bronner

Industrieberatung Bronner
Menzelstraße 52
70192 Stuttgart

Bibliografische Information der Deutschen Nationalbibliothek
Die Deutsche Nationalbibliothek verzeichnet diese Publikation in der Deutschen Nationalbibliografie;
detaillierte bibliografische Daten sind im Internet über http://dnb.d-nb.de abrufbar.

ISBN 978-3-540-75421-3   3. Auflage   Springer Berlin Heidelberg New York

Springer ist ein Unternehmen von Springer Science+Business Media

springer.de

© Springer-Verlag Berlin Heidelberg 2008

Satz: Fotosatz-Service Köhler GmbH, Würzburg
Herstellung: LE-TEX Jelonek, Schmidt & Vöckler GbR, Leipzig
Einbandgestaltung: WMXDesign, Heidelberg

Gedruckt auf säurefreiem Papier   68/3100/YL – 5 4 3 2 1 0

Vorwort

Während in der Aufbauphase die Gewinne der Fertigungsindustrie bei 10% des Umsatzes, bzw. 15% p.a. Kapitalrendite lagen, sind heute die Gewinnmargen in der Sättigungsphase im Maschinen- und Anlagenbau bei durchschnittlich 3% vom Umsatz (vor Steuer) und häufig sogar unter 0%. Dies erfordert nicht nur, dass alle Rationalisierungsreserven ausgeschöpft werden, sondern auch, dass das ganze Instrumentarium der Kostenrechnung und Preisbildung

- schneller agiert,
- als Angebots- und Projektkalkulation genauer werden muss,
- in Form von Kostenzielvorgaben (target costs) früher ansetzt,
- dass die Kosten bis zu den verantwortlichen Entwicklern und Arbeitsvorbereitern heruntergebrochen werden,
- dass in Form der mitlaufenden Kalkulation der Entwicklungs- und Planungsprozess ständig überwacht wird und
- dass die Kalkulationsunterlagen durch Rückkoppelung und eine Vorschau laufend aktualisiert werden.

Im Frühstadium der Projekte sind noch keine Fertigungsabläufe oder Fertigungszeiten bekannt. Kaum, dass die Materialverbräuche festzustellen sind. Daher sind hier Kalkulationsverfahren einzusetzen, die aufbauen

- auf Kostengesetzmäßigkeiten,
- auf Kostenkennzahlen,
- auf Vergleichen und Schätzen sowie
- auf Erfahrungsdaten.

Gewichtskosten-, Relativkosten-, Prozesskostenrechnungen und Sonderformen der Kostenermittlung können dort aushelfen, wo noch keine Stücklisten und keine Arbeitspläne vorliegen.

Diese Verfahren sind aber nur dann zuverlässig und ausreichend, wenn sie rückkoppelnd durch die Nachkalkulation stets aktualisiert werden.

Besonders bei Produkten,

- die für das Unternehmen neuartig sind,
- deren Technologie neuartig ist oder bei
- grundsätzlich innovativen Produkten, d.h., wenn entweder neue Bedürfnisse geschaffen oder befriedigt werden oder, wenn ein neuer technischer Lösungsweg vorliegt,

immer dann ist eine Kalkulation erforderlich, die nicht nach dem üblichen Schema der Kostenstellen- oder Platzkostenrechnung durchzuführen ist. Hier bieten Sonderformen der Kalkulation einen Weg zur qualifizierten Kostenbeurteilung.

Das Buch zeigt auf, welche Möglichkeiten für Angebots- und Projektkalkulationen bestehen und welche Genauigkeiten von diesen Verfahren zu erwarten sind. Es regt an, diese Verfahren im eigenen Unternehmen aufzubauen und einzusetzen, um das Risiko zu hoher Ansätze mit Auftragsverlust oder zu tiefer Ansätze mit direktem Geldverlust zu verringern. Es werden aber auch Grenzen gezeigt, die bei diesen Kalkulationen bestehen.

Für jeden Abschnitt, der praktische Aufgaben erklärt, ist ein Beispiel eingefügt, das die Umsetzung im eigenen Unternehmen anregt und erleichtert.

Inhalt

Einführung

Angebote für Individualprodukte müssen schnell erstellt werden: Die ersteingehenden Angebote bieten die Maßstäbe an denen die anderen gemessen werden. Eine gewisse Voreingenommenheit wird durch sie erzeugt. Dies bedeutet, dass nicht nur kurze Vorgabezeiten, sondern auch kurze Angebotsdauern verlangt werden.

Projektkalkulationen für Serienprodukte müssen früh erstellt werden: Während früher die Kalkulationen für Serienprodukte meist erst dann vorlagen, wenn, kurz vor dem Verkaufsbeginn, der Preis festzulegen war, steht heute an erster Stelle bei der Entwicklung die Preisvorstellung der Kunden, aus der sich retrograd die zulässigen Kosten und damit auch der weitere Inhalt des Pflichtenhefts erstellen lässt.

Angebots- und Projektkalkulationen müssen genau sein: Nicht nur der Preis, sondern vor allem auch die Argumente neben dem Preis müssen den Vorstellungen der Kunden entsprechen und den eigenen Anforderungen. Zu diesem Zweck muss das Pflichtenheft stimmen, realistische Kosten müssen vorgerechnet und die Limits eingehalten werden, so dass Vor- und Nachkalkulationen gut übereinstimmen. 5 % zu hoch kalkuliert, kann zur Ablehnung eines Angebots führen! 5 % zu tief kalkuliert, kann den ganzen Gewinn aufzehren!

Angebots- und Projektkalkulationen dürfen nicht aufwendig sein: 1 bis 2 % des Umsatzwertes im deutschen Maschinenbau werden allein für Angebote aufgewandt. Nur 5 bis 10 % der Angebote führen zu Aufträgen. Die Reduzierung des Vorkalkulationsaufwands und die Verbesserung der Trefferquote müssen damit wichtige Ziele bei der Angebots- und Projektkalkulation sein.

Die Angebotskalkulation und die Projektkalkulation verwenden zwar viele gemeinsame Techniken. Der Preisbildungsprozess ist jedoch sehr unterschiedlich. Bei der individuell ausgerichteten Einzelfertigung liegt die Preisfestlegung normalerweise vor der technischen Entwicklung, wodurch nicht nur das Entwicklungsrisiko, sondern auch das technische und technologische Risiko im Preis abzudecken sind. Das Angebot schließt dieses Risiko ein. Bei zielgruppenorientierter Serienfertigung oder Grundlagenentwicklungen muss die Entwicklungsarbeit auch von einer Preisvorstellung ausgehen. Die Preisfestlegung geschieht bei der Projektkalkulation jedoch erst nach der Entwicklung und nach der technischen Vorarbeit. Der interne Risikobereich ist damit wesentlich kleiner. Jedoch das Risiko, die notwendige Kundenzahl für einen Massen- oder Serienabsatz zu finden, reduziert diesen Vorteil wieder. In beiden Fällen muss jedoch vor der Preisbildung eine Kostenvorstellung und vor der Kostenvorgabe eine Preisvorstellung bestehen.

Eine Angebotskalkulation besteht aus zwei Vorgängen:

1. der Kostenermittlung, einem technisch-wirtschaftlichen Problem und
2. der Preisbildung, einem politisch-menschlichen Problem.

Wir wollen zunächst den ersten Teil, den Kernpunkt der Angebotskalkulation ansehen.

KAPITEL 1

Aufgaben der Kostenrechnung bei der Erzeugnisentwicklung

Im Rahmen der Erzeugnisentwicklung kommen der Kostenrechnung folgende Aufgaben zu (vergl. Abb. 1):

1.1 Preisfindung

Ob von einem Marktpreis ausgehend retrograd die zulässigen Kosten ermittelt werden oder progressiv von den Kosten und einem notwendigen oder vertretbaren Gewinn aus ein Richtpreis errechnet wird, stets sind die Kosten eine wesentliche Komponente bei der Preisbildung. Es sollte

	Aufgabe	Umfang	Kalkulationsart
1	Preisfindung		Vorkalkulation
	Marktpreis	Marktpreis - SOLL-Ergebnis = SOLL-Kosten	retrograd
	Kostenpreis	SOLL-Kosten + SOLL-Ergebnis = Richtpreis	progressiv
2	Zielvorgabe	SOLL-Kosten	Kostenzielvorgabe
	Konstruktion	Entwicklungskosten	Zielgliederung durch Funktionskosten
	Arbeitsvorbereitung	Herstellkosten / Sonderkosten (Investitionen)	Persönliche Kostenverantwortung
3	Zielüberwachung	SOLL-IST-Vergleich	Begleitkalkulation
	Entwicklung ↑Konstruktionsvergl	Entwicklungskosten	(Mitlaufende Kalkulation)
	Arbeitsvorbereitung ↑Verfahrensvergleich	Herstellkosten / Sonderkosten (Investitionen)	Persönliche Kostenverantwortung
4	Zielerfüllungskontrolle	Erlös - IST-Kosten = IST-Ergebnis	Nachkalkulation Kontrolle Tageskalkulation

Abb.1. Aufgaben der Kostenrechnung während der Entwicklung und Arbeitsvorbereitung

jedoch nicht der Eindruck aufkommen, als herrsche eine mathematisch notwendige Beziehung zwischen Kosten und Preis!

1.2
Kostenzielvorgabe

Jede Entwicklungsaufgabe hat zumindest vier Zielkomponenten:

1) Aktualität   – das Objekt muss ein aktuelles oder potentielles Marktbedürfnis erfüllen,
2) die Funktionen – das Objekt muss die richtigen Funktionen in richtigem Maße zuverlässig erfüllen,
3) die Termine   – das Objekt muss rechtzeitig geliefert werden,
4) die Kosten   – das Objekt soll Gewinn erwirtschaften.

Die Aktualität setzt Gespür für den Markt und seine Veränderlichkeit voraus. Bei strukturellen Knicken, wie sie heute in vielen Branchen zu beobachten sind, müssen auch unkonventionelle Maßnahmen eingesetzt werden. Was bisher richtig war, kann jetzt falsch sein und neue Wege, die bisher nicht zweckmäßig waren, müssen neu durchdacht, gewissenhaft erforscht und dann erprobt werden. Im Wettbewerb zählt heute nicht mehr als Argument: schnelle Lieferbereitschaft, einwandfreie Funktion, noch neuester Stand der Technik, günstiger Preis und Kundendienst – dies alles sind heute Selbstverständlichkeiten. Nur noch die „Präferenz", das „Besondere", das „Anders als" und „Besser als die Anderen" kann im gesättigten Markt zum Kauf anreizen und damit als Argument dienen.

Die Funktionssicherheit – heute als Selbstverständlichkeit bezeichnet – bedingt richtige Auslegung, richtigen Funktionsumfang und angemessene Zuverlässigkeit und Gebrauchsdauer.

Die Termine ergeben sich aus der allgemeinen oder speziellen Marktsituation sowie aus den Kapazitäts- und Dispositionsunterlagen.

Die Kosten, die bewusst oder unbewusst mit jedem Entwicklungsauftrag festgelegt werden, beinhalten folgende Komponenten.

1. Entwicklungskosten mit Versuchs- und Erprobungskosten.
2. Produktkosten und eventuell darin enthalten
    a) Sonderkosten oder Investitionskosten für Betriebsmittel o. ä.,
    b) Gewährleistungskosten.
3. Bei gewissen Produkten (Investitionsgütern, Militärische Entwicklungen) sind auch die Betriebskosten mit Bedienung, Verbrauch,

Instandhaltung und die Nutzungsdauer u.ä. der Entwicklung vorgegeben (Life-cycle-costs).

Die Qualität der Entwicklungsarbeit kann i. Allg. durch höheren Zeitauf-
wand gesteigert werden. Der Qualitätszuwachs fällt jedoch mit der Zeit ab.
Daher muss über Termin- und Kostenlimitierung eine wirtschaftliche
Grenze gezogen werden.

Nur die Funktionssicherheit zu fordern und die Konstruktionszeit zu
begrenzen, ist jedoch gefährlich, denn erst die zusätzliche Produktkostenbegrenzung sichert die Wirtschaftlichkeit und schärft dem Entwickler den
Blick für seine Kostenverantwortung.

1.3
Kostenüberwachung

Kostenziele stellen SOLL-Kosten dar. Liegen die ersten konstruktiven
Vorschläge als Entwürfe oder als Abwandlungen ähnlicher Produkte am
Bildschirm vor, sind diese zunächst technologisch zu überprüfen und
nach speziellen Verfahren zu kalkulieren, bevor sie zur Reinzeichnung
oder Fertigungszeichnung (Detaillierung) freigegeben werden. Bestehen
wesentliche Abweichungen zum Kostenziel bzw. zu den SOLL-Kosten,
erfolgt wertanalytische Prüfung und eventuell Überarbeitung. Die jetzt
erreichten Kosten gehen nun anstelle der SOLL-Kosten in die Mitlaufende
Kalkulation (Begleitkalkulation) ein. Ebenso werden die verbrauchten
Entwicklungszeiten und die erforderlichen Investitionen mit ihren Ziel-
werten verglichen.

1.4
Zielerfüllungskontrolle – Ergebniskontrolle

Nach der Detaillierung erfolgt die Fertigungsplanung durch die Arbeitsvorbereitung. Jetzt können die technologisch fundierten Fertigungskosten
nach dem üblichen Zuschlags- oder Platzkostenverfahren ermittelt werden.
Die Materialkosten ergeben sich aus den Stücklisten, Einkaufspreislisten
und den üblichen Zuschlägen der Materialgemeinkosten. Eventuell unter-
bleibt auch diese „Tageskalkulation" zugunsten einer „Nachkalkulation",
die auf der Abrechnung der Auftragsdaten (bewertete Materialentnahme-
scheine und Lohnscheine bzw. Akkordbelege) o.ä. basiert.

Die Orientierung des Preises allein am Markt und die Meinung, dass die
Arbeitsvorbereitung und der Einkauf die Kosten im Wesentlichen bestim-

men, sind sehr häufige Fehler bei der Produktplanung. Ob ein Produkt teuer werden muss, wird zunächst im Pflichtenheft festgeschrieben. Ob eine teure „Luxuslimousine" oder ein billiges „Einfachstauto" entsteht, wird im Pflichtenheft festgelegt. Ob für die Erfüllung dieser „Pflichten" bzw. Anforderungen eine konstruktiv teure oder kostengünstige Lösung gefunden wird, enscheidet weitgehend die Entwicklung. Und dann erst wird im Einkauf und in der Arbeitsvorbereitung über die Kosten der weiteren Realisierung entschieden. Eine enge Zusammenarbeit diese Bereiche bereits in der Konzept- und Entwicklungsphase im Rahmen des Projektmanagements ist die beste Voraussetzung für eine kostengünstige Gesamtlösung.

KAPITEL 2

Wirtschaftliche Grundbegriffe

Die Kostenrechnung gehört heute sowohl zum kaufmännischen Rechnungswesen, also zu den Wirtschaftswissenschaften, sowie auch zum Gebiet der Ingenierwissenschaften. Da jedoch diesbezüglich in der Praxis bisher noch keine einheitliche Sprachregelung erfolgt ist, scheint es zweckmäßig, zunächst die wichtigsten Begriffe zu klären bzw. die in der Norm bereits erfassten Benennungen ins Bewusstsein zu bringen. Damit soll auch ihre allgemeine Verwendung in den Betrieben angeregt werden. Auch jeder zwischenbetriebliche Vergleich und der später geforderte Austausch von Kalkulationsgleichungen setzen Gleichheit in Benennung und Abgrenzung der Kostengrößen voraus.

In der DIN 32 992 sind für Fertigungsbetriebe die Kostengliederungen dargestellt für Zuschlagskalkulationen auf Kostenstellenbasis (Kostenstellensätze) und auf Kostenplatzbasis. Die Platzkosten werden dort fälschlicherweise als „Maschinenstundensätze" bezeichnet und damit als Mischbegriff, der sowohl eine Dimension (Kosten) wie auch eine Einheit (Maschinenstunden) beinhaltet.

Bei der Aussage: „Der Maschinenstundensatz beträgt 2,50 €/min" erscheint der Widerspruch deutlich.

2.1
Kosten, Aufwand, Ausgaben

Im Rahmen des Rechnungswesens unterscheiden wir drei Wertegruppen (vergl. Abb. 2).

1. Für die Betriebsrechnung

Hierunter fallen die meisten der technisch-wirtschaftlichen Rechnungen, die hier betrachtet werden sollen, mit dem Kernbegriff Kosten.

Kosten sind wertmäßiger produktionsbedingter Gutsverzehr. –

oder, nach Mellerowics,

a) *Kosten* sind wertmäßiger, normaler Verzehr von Gütern und Dienstleistungen zur Erstellung des Betriebsprodukts.
b) *Leistungen* sind das Betriebsprodukt bzw. der Erzeugungswert bewertet zu Kosten.
c) *Erlöse* sind die Gegenwerte der abgesetzten Leistungen.
d) *Betriebsgewinn* ist die Differenz zwischen den Erlösen und den Kosten von Mengen oder Zeitperioden.

2. Für die Geschäftsrechnung

Hierunter fallen alle Werteflüsse, die aus steuerlich und unternehmerischen Gründen erfasst und verfolgt werden müssen.

a) *Aufwand* ist der erfolgswirksame Gutsverzehr des Gesamtbetriebes in einem Abrechnungszeitraum.
b) *Ertrag* ist die erfolgswirksame Gutsvermehrung (Betriebsertrag + neutraler Ertrag).
c) *Erfolg* ist die Differenz zwischen Aufwand und Ertrag.

3. Für Finanzierungs- und Liquiditätsrechnung

Die Sicherstellung der ständigen Zahlungsfähigkeit eines Unternehmens erfordert besondere Zahlungserfassungen.

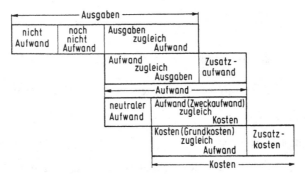

Abb. 2. Zusammenhang zwischen Kosten, Aufwand und Ausgaben

a) *Ausgaben* sind alle Ausgänge von Zahlungsmitteln; Münz-, Girogeld, Wechsel und von allen sonstigen Geldmitteln.

b) *Einnahmen* sind alle Eingänge von Zahlungsmitteln.

c) *Einnahmenüberschuss* ist die Differenz zwischen Einnahmen und Ausgaben.

2.2
Preis, Erlös, Nutzwert, Mengen und Leistungen

Die Begriffe Preis, Erlös, Nutzwert, Absatzmengen und Absatzleistungen gehören in die außerbetriebliche Sphäre. Sie sollten deshalb nur dort angewandt werden. Auch Material und Fremdteile haben innerbetrieblich keinen „Preis", sondern nur „Materialkosten".

Für den allgemeinen innerbetrieblichen Verkehr können folgende Definitionen dienen:

Preis ist der Geldwert, der für den Verkauf eines Produkts nach marktpolitischen Gesichtspunkten festgelegt wird in der Absicht, eine bestimmte Produktionsmenge absetzen zu können. Er soll die Kosten decken und Gewinn erwirtschaften.

Der Werksabgabepreis enthält keine erlösabhängigen Kosten wie Händlerverdienst, Mehrwertsteuer, usw.

Erlös ist der tatsächlich erzielte Preis eines Produkts, als Brutto-Erlös vor Abzug von Händlerspanne, Rabatten, Provisionen, Skonto, usw., als Nettoerlös nach Abzug dieser Werte.

Nutzwert im Sinne dieser Unterlage ist der in Geld bewertete Nutzen, den die erforderliche Anzahl potenzieller Kunden den Funktionen und Eigenschaften eines Erzeugnisses beimisst. Er ergibt sich aus Gebrauchs- und Geltungsnutzen.

Der Kunde ist interessiert, durch Erwerb eines Produkts einen möglichst hohen Nutzen zu erhalten. Damit der Kunde ein Produkt kauft, muss der subjektive Nutzwert des Produkts höher sein als der Preis bzw. der Nutzwertüberschuss muss hier höher sein, als bei einer anderen Nutzung des Geldes.

Absatzmenge ist die Anzahl der Exemplare eines Erzeugnisses, die bei einem vorgegebenen (evtl. veränderlichen) Preis in einem festgelegten Zeitraum abzusetzen ist.

Die **Gesamtabsatzmenge** umfasst alle Verkaufsexemplare von Beginn bis Ende der Produktion des Erzeugnisses.

Die Einheit der Absatzmenge ist Stück (Stk).

Absatzleistung ist die Absatzmenge je Zeiteinheit (i. Allg. Stück je Jahr, d. h., Stk/a o. ä.).

Produktionsmenge und **Produktionsleistung** sind analog definiert.

2.3
Kosten und Kostengliederung nach DIN 32 992

Die Kostenrechnung ist eine Arbeitstechnik zur Vorbereitung von Entscheidungen. Sie muss den jeweiligen Aufgaben angepasst werden.

„Die Kostenrechnung muss wahr sein. Sie unterliegt keinen betriebspolitischen Erwägungen. Die Politik beginnt erst bei der Preisbildung" (Mellerowicz [1]).

Damit über die Größe der einzelnen Kostenarten Vorstellungen geweckt werden, sind nachfolgend bei den direkt eingesetzten Kostenarten Durchschnittswerte genannt, wie sie im deutschen Maschinenbau in Unternehmen mittlerer Größe und normaler Fertigungstiefe und Auslastung etwa vorliegen. (Vergleiche auch Abb. 3).

Ausgehend von der Definition:

Kosten (K) sind normaler Verzehr von Gütern und Dienstleistungen zur Erstellung des Betriebsprodukts,
sind in der DIN 32 992 [2] folgende Kostengrößen festgehalten:

Materialeinzelkosten (MEK) beinhalten die reinen Materialkosten laut Stückliste (Art und Zuschnittsmenge) und Lieferantenrechnung (Preis) ohne Umlage für Eingangskontrolle, Lagerung usw.

Materialgemeinkosten (MGK) enthalten Umlage für Disposition und Einkauf sowie Transport- und Lagerkosten. Sie werden üblicherweise als %-Satz der Materialeinzelkosten verrechnet und liegen etwa bei 5 bis 10 % der MEK.

Materialkosten sind die Summe aus MEK und MGK. Je nach Fertigungstiefe liegen sie im Maschinenbau zwischen 40 und 50 % der Gesamtkosten.

Fertigungseinzelkosten (FEK) sind diejenigen Kostenanteile der Fertigungskosten, die einzeln, d. h. auf jede Produktionseinheit etwa über den

Zeitbedarf direkt erfasst werden. Der Fertigungslohn (FL) (etwa 5 bis 10%
der Gesamtkosten) oder die Maschinenkosten (bei der Maschinen-Stun-
densatzrechnung bzw. Platzkostenrechnung) sind üblicherweise Einzelkosten der Fertigung.

Fertigungsgemeinkosten (FGK) werden als %-Satz den Fertigungseinzelkosten zugeschlagen und enthalten alle diejenigen Kosten, die im Fertigungsbereich anfallen, außer den FEK.

Üblicherweise bewegen sich die Fertigungsgemeinkostensätze, die
„FGK-Sätze", zwischen 200 und 1000% vom FL (in Grenzfällen auch dar-
unter oder darüber).

Damit sind bei	25,00 €/h	Fertigungslohn
die „Stundensätze" zwischen	75,00 und 220,00 €/h	und
die „Minutensätze" zwischen	1,25 und 3,66 €/min.	

Fertigungskosten 1 (FK1) sind die Summe aus FEK und FGK.

Sondereinzelkosten der Fertigung (SEF) sind die einem Produkt, Auftrag
oder Werkstück direkt zurechenbaren Kosten für Werkzeug-, Modell-, und
Vorrichtungsumlagen.

Fertigungskosten 2 (FK2) sind die Summe aus FK1 und SEF.

Herstellkosten 1 (HK1) – Die Summe aus Materialkosten und Fertigungskosten 2 nennt man Herstellkosten 1. Diese Kosten bilden die Basis für die
innerbetriebliche Produktbeurteilung und für die direkte Einflussnahme
der Arbeitsvorbereitung.

Abb. 3. Kostenstruktur der Automobilproduktion (nach Unterlagen
des Statistischen Bundesamtes)

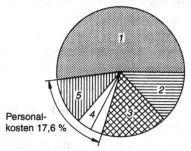

Personal-
kosten 17,6 %

1 Material 52,9 %   *4* Gehälter 4 %
2 Kalkulatorische Kosten 13 %   *5* Löhne 12 %
3 Sonstiges 16,5 %

Entwicklungs- und Konstruktionseinzelkosten (EKEK) sind die in der Entwicklung (Konzeptierung, Entwurf, Konstruktion, Erprobung usw.) auf einen bestimmten Typ oder Kundenauftrag direkt zu verrechnenden Kosten. Sie werden üblicherweise auf die geplante Absatzmenge umgelegt (bei Einzelfertigung werden diese Kosten auf den individuellen Konstruktionsauftrag direkt verrechnet).

Entwicklungs- und Konstruktionsgemeinkosten (EKGK) sind alle nicht direkt zurechenbaren Kosten aus diesem Bereich, wie für Grundlagenarbeiten, Normungsarbeiten, Standardisierungsaufgaben usw.

Entwicklungs- und Konstruktionskosten (EKK) sind die Summe aus EKEK und EKGK. Sie betragen im Durchschnitt $5 \pm 2\%$ des Umsatzes.

Herstellkosten 2 (HK 2) sind die Summe aus HK 1 und EKK.

Verwaltungsgemeinkosten (VWGK) beinhalten die Kosten für alle verwaltenden Bereiche wie Allgemeine Verwaltung, Personalwesen, Finanz- und Rechnungswesen, aber auch für gewisse Steuern und Abgaben. Normalerweise werden sie als %-Satz der HK 2 ermittelt. Sie liegen bei $10 \pm 2\%$ der Herstellkosten 2.

Vertriebsgemeinkosten (VTGK) sind Zuschläge auf HK 2 für Marketing, Werbung, Verkauf, in gewissen Fällen auch für Versand mit Verpackung, soweit diese Kosten nicht den Produkten direkt zugerechnet werden können. Ihr Anteil ist in der letzten Zeit von ca. 10% auf ca. 20% der HK 2 angestiegen, evtl. zusammen mit den Vertriebseinzelkosten.

Verwaltungs- und Vertriebsgemeinkosten (VVGK) sind die Summe aus VWGK und VTGK.

Vertriebseinzelkosten (VTEK) sind die direkt zurechenbaren Vertriebskosten auf Produkte, Aufträge oder Serien usw., einschließlich Verpackung, Versand, evtl. Werbung usw.

Um einen besseren Einblick in die Kostenverursachung zu erhalten, werden möglichst viele Vertriebskosten direkt, als Einzelkosten, erfasst.

Selbstkosten (SK). Der oberste Kostenbegriff, als Summe aller werksinternen Kosten, benennt die Selbstkosten.

(Bis hierher sind die Begriffe in der DIN 32 992 gegliedert!)

Werksabgabepreis (WPR) – **Nettoerlös**. Nach marktstrategischen Gesichtspunkten und nach unternehmerischen Notwendigkeiten und Möglichkeiten ergibt sich die Situation für die Preisbildung. Der tatsächlich erzielte Preis wird auch als Erlös (Nettoerlös) bezeichnet.

Der Werksabgabepreis dient auch zur Leistungsbewertung im Rahmen der Profitcenterbildung. Hierdurch kann für Betriebsteile ein Gewinn (= Profit) ausgewiesen werden, der sich errechnet aus der Größe

> **Interner Gewinn**
> **= Produktionsleistung mal Werksverrechnungspreis**
> **minus dafür angefallene Selbstkosten.**

Richtpreis (RP). Vielfach wird vom Kalkulator auf der Basis der HK2 oder der Selbstkosten durch prozentualen Zuschlag oder durch Multiplikation mit einem Faktor ein „Richtpreis" errechnet. Dieser soll einen „Deckungsbeitrag" erbringen, der unter normalen Umständen den Gewinn, eventuell Verhandlungsspielraum und weitere Preisbestandteile abdecken soll. Der „Zuschlag" bzw. „Faktor" ist jedoch kein Kostenblock sondern eine politische Größe.

Nettogewinn (GEW) ist die Differenz zwischen Richtpreis bzw. Verrechnungspreis und den Selbstkosten. Er kann als %-Satz der Selbstkosten oder des „Umsatzes" (= Summe der Nettoerlöse) verrechnet werden.

Verkaufspreis – Bruttoerlös (VPR). Der allgemeine Verkaufspreis enthält außer dem Werksabgabepreis noch zusätzlich erlösabhängige Kosten, die üblicherweise vom Bruttoerlös zurückgerechnet werden.

Erlösabhängige Kosten (EAK) sind Kosten für Provisionen, Rabatte, Mehrwertsteuer usw.

Abbildung 4 zeigt die Kostenstruktur und die Herkunft der Kostengrößen, entweder direkt aus Stückliste, Preislisten und Arbeitsplänen oder aus dem Betriebsabrechnungsbogen (BAB) ermittelt bzw. prognostiziert.

Je nach der Aufgabe werden die Kosten auch nach anderen Kriterien gegliedert:

1. Nach dem Charakter

a) **Fixe Kosten** sind innerhalb bestimmter Beschäftigungsgrenzen (bei gleichbleibender Kapazität) vom Beschäftigungsgrad unabhängig. (z.B.: Mieten, Pachten, Zinsen, gewisse Abschreibungen usw.). Beim Überschreiten dieser Grenzen treten vielfach sprungfixe Kosten

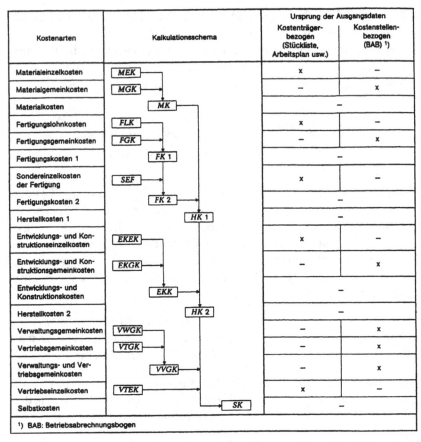

Kostenarten	Kalkulationsschema	Ursprung der Ausgangsdaten	
		Kostenträger-bezogen (Stückliste, Arbeitsplan usw.)	Kostenstellen-bezogen (BAB) [1]
Materialeinzelkosten	MEK	x	–
Materialgemeinkosten	MGK	–	x
Materialkosten	MK	–	
Fertigungslohnkosten	FLK	x	–
Fertigungsgemeinkosten	FGK	–	x
Fertigungskosten 1	FK 1	–	
Sondereinzelkosten der Fertigung	SEF	x	–
Fertigungskosten 2	FK 2	–	
Herstellkosten 1	HK 1	–	
Entwicklungs- und Konstruktionseinzelkosten	EKEK	x	–
Entwicklungs- und Konstruktionsgemeinkosten	EKGK	–	x
Entwicklungs- und Konstruktionskosten	EKK	–	
Herstellkosten 2	HK 2	–	
Verwaltungsgemeinkosten	VWGK	–	x
Vertriebsgemeinkosten	VTGK	–	x
Verwaltungs- und Vertriebsgemeinkosten	VVGK	–	x
Vertriebseinzelkosten	VTEK	x	–
Selbstkosten	SK	–	
[1] BAB: Betriebsabrechnungsbogen			

Abb. 4. Prinzipieller Ablauf einer differenzierenden Zuschlagskalkulation nach Kostenstellen (DIN 32992)

auf (z.B. zusätzliche Abschreibungen und Zinsen für eine zusätzliche Maschine). Dieser Prozess ist oft (zeitweise) irreversibel oder zumindest tritt eine Hysterese auf, d.h. erst, wenn die Auslastung wieder sehr stark zurückgeht, werden die sprungfixen Kosten wieder abgebaut.

b) **Variable Kosten** sind vom Beschäftigungsgrad abhängig. Auf die Zeiteinheit bezogen, nehmen sie normalerweise mit dem Beschäftigungsgrad zu (z.B. Materialkosten, Akkordlohn, Energieverbrauchskosten usw.).

- Proportionale Kosten verändern sich, bezogen auf die Zeiteinheit (z. B. Mon), proportional zur Auslastung. Bezogen auf die Mengeneinheit bleiben sie konstant.
- Degressive Kosten wachsen unterproportional zur Auslastung (z. B. Wärmekosten).
- Progressive Kosten wachsen überproportional zur Auslastung (z. B. Überstundenlöhne).
- Regressive Kosten fallen absolut mit zunehmender Auslastung (z. B. Bewachungskosten).

In der Praxis werden die variablen Kosten und auch die Grenzkosten meistens proportional zur Auslastung verrechnet.

c) **Mischkosten.** Sehr viele Kosten haben Mischkostencharakter, d. h., sie enthalten einen Anteil Fixkosten und einen Anteil variable Kosten. Für einen begrenzten Bereich der Auslastung können Mischkosten in Fixkostenanteil und proportionalen Anteil aufgelöst werden (z. B. Energiekosten mit Grundpreis und Verbrauchskosten).

Die Gliederung der Kosten in fixe und variable Anteile ist in gewisser Hinsicht willkürlich, denn ganz kurzfristig sind fast alle Kosten als fix zu

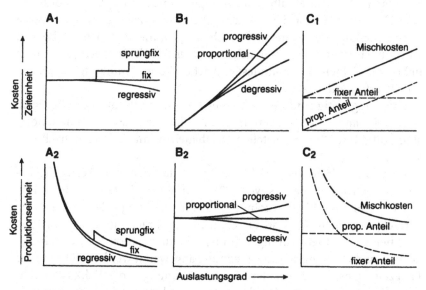

Abb. 5. Kostenfunktionen, bezogen auf die Zeiteinheit (Mon) und auf die Produktionseinheit (Stk)

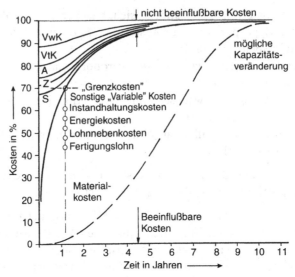

Abb. 6. Veränderungsmöglichkeiten der Kapazitäten und der Kosten mit der Zeit

betrachten, denn innerhalb weniger Tage können weder bereits bestellte Spezialmaterialien storniert werden (auch wenn der zugehörige Auftrag wegen Konkurs des Abnehmers nicht abgenommen und nicht bezahlt wird), noch können bei plötzlich fehlender Arbeit die Fertigungslöhne unbezahlt bleiben, da zumindest 4 Wochen Vorankündigung für „Kurzarbeit" erforderlich ist (vergl. Abb. 6).

Ganz langfristig sind bei schlechter Auslastung Pachten zu kündigen, Abschreibungen zu reduzieren, wenn keine Ersatzinvesititonen nötig sind und selbst Direktorenstellen abzubauen, wenn sich der Betrieb verkleinert.

In diesem Sinne zeigt sich, dass sich das heute in Fertigungsbetrieben übliche Verhältnis von 70% variablen Kosten zu 30% Fixkosten sehr erheblich verändern kann, wenn größere Zeiträume betrachtet werden. Und so ist es auch angebracht und zweckmäßig, dass bei Kurzzeitbetrachtungen (innerhalb einer Jahresfrist) die Grenzkosten- und Deckungsbeitragsrechnung angewandt werden, während für Langzeitdispositionen (in der „Zukunftsplanung") die Vollkostenrechnung eingesetzt wird, bei der die variablen und die fixen Kosten als beeinflussbar gelten.

> Ganz kurzfistig sind (fast) alle Kapazitäten und Kosten fix!
> Und
> Ganz langfristig sind (fast) alle Kapazitäten und Kosten variabel.

2. Nach Ausgabencharakter

Wenn es um die Frage geht, welche Kosten sind für eine vorliegende Entscheidung relevant bzw. zu erfassen, ist das „Denken in Ausgaben und Einnahmen" eine gute Hilfe. Alle Kostenkomponenten, die durch die Entscheidung zu keinen direkten Ausgaben führen oder die keine Einnahmen bewirken, dürfen bei der Entscheidungsrechnung nicht erfasst werden. So entstehen z. B. vielfach keine zusätzlichen zeitabhängigen Abschreibungen bzw. Wertminderungen an einem Betriebsmittel, wenn ein weiteres Werkstück gefertigt wird, wohl aber können die Instandhaltungskosten anwachsen. Dagegen sind gewisse Abschreibungen zu verrechnen, wenn das Betriebsmittel weitgehend verschleißbedingt verbraucht wird.

a) **Ausgabenwirksame Kosten**
   Ausgabenwirksame Kosten sind solche, denen künftige Ausgaben zugeordnet werden können.

b) **Kalkulatorische Kosten**
   Als kalkulatorische Kosten bezeichnet man Kosten, die der Kalkulation zugrunde gelegt werden, jedoch bei der Ausgaben- bzw. Aufwandsrechnung (Finanzbuchhaltung) in anderer Höhe (z. B. Abschreibungen) oder gar nicht (z. B. Kalkulatorische Zinsen) verrechnet werden können.

Hierzu gehören:

- Kalkulatorische Abschreibungen (können, ja müssen bei der Kostenrechnung auf Wiederbeschaffungspreisen basieren und müssen unter 0-Buchwert weiter verrechnet werden).
- Kalkulatorische Zinsen können echte Zinsen für Fremdgeld sein oder auch nur Verrechnungszinsen für Eigenkapital und damit ein „Gewinnanteil".
- Kalkulatorische Wagnisse.
- Kalkulatorischer Unternehmerlohn.

Kalkulatorische Kosten dürfen vielfach bei kurzfristigen Entscheidungsrechnungen nicht berücksichtigt werden!

3. Nach Zuwachs

Für kurzfristige Betrachtungen sind zahlreiche Kostenkomponenten (im Wesentlichen die Fixkosten) nicht beeinflussbar. Daher hat sich bei der operationalen Planung, bei kurzfristigen Ergebnisbetrachtungen und für Auftrags- oder Stück-Kalkulationen eine Rechnungsform durchgesetzt, die allein von den „direkten Kosten" bzw. von den Kosten ausgeht, die ursächlich der Produktion der Periode oder dem Auftrag bzw. dem einzelnen Stück zuzurechnen sind. Alle die Kosten, die erforderlich sind, wenn eine weitere Leistungseinheit erbracht werden soll – und das kann im Einzelfall auch der Investitionsbetrag für das Schaffen zusätzlicher Kapazität sein, – sind als marginale oder Grenzkosten anzusehen (vergl. Abb. 7 und Abb. 8).

a) **Grenzkosten.** Grenzkosten sind die zusätzlichen Kosten für die Erstellung einer weiteren Leistungseinheit (= Produktionseinheit). In der Praxis werden sie den variablen und den proportionalen Kosten gleichgesetzt (Lineares Modell).
Bei Beachtung des S-förmigen Kostenverlaufs sind die Grenzkosten von der Auslastung abhängig:
Im „Betriebsminimum" entsprechen die Grenzkosten den variablen (proportionalen) Kosten,
im „Betriebsoptimum" entsprechen sie den Gesamtkosten je Einheit,
im „Unternehmensoptimum" dem Nettoerlös je Einheit.

Abb. 7. Grundbegriffe der Grenzkostenrechnung (lineares Modell)

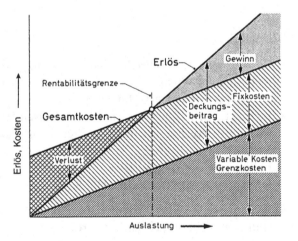

Abb. 8. Deckungsbeitrag im Verlust- und Gewinnbereich (vereinfachte, lineare Darstellung)

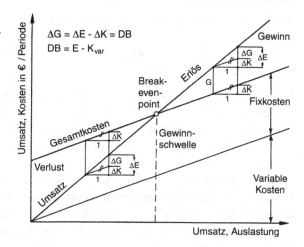

$$\Delta G = \Delta E - \Delta K = DB$$
$$DB = E - K_{var}$$

Zeitraum in Jahren	Einflussgrößen			Beeinflussbare Kosten	Strategie- und Offensivgebiet
	Absatz-menge	Produktions-kapazität	Produkt		
kurzfristig 0–0,5	konstant	konstant	konstant	Teile der variablen Kosten	Kostenminimum, Engpass: kurzfristige Ausgaben, Liquidität
zwischenfristig k–m 0,5–1	variabel	konstant und vorhanden	konstant	etwa variable Kosten	Auslastungsausnutzung, Engpass: Aufträge
mittelfristig 1–2	variabel	konstant, teils zu ersetzen	konstant	etwa Vollkosten	Kapazitäten erhalten und ausbauen
zwischenfristig m–l 2–4	variabel	variabel	konstant + aktualisiert	etwa Vollkosten mit Ersatzinvestition	Engpassbeseitigung, Produktkapazität, Alternative Produkte
langfristig 4–8	variabel	variabel	variabel	Investitionen, Projektkostenrechnung, fast alles variabel	Engpass: Attraktive Märkte (Produkte) Programmoptimierung

Abb. 9. Offensivmaßnahmen in Abhängigkeit von der Zeit

b) Deckungsbeitrag. Der Deckungsbeitrag ist die Differenz zwischen Erlös und Grenzkosten. Er dient zum Abdecken von Fixkosten und mindert in vollem Betrag den Verlust oder erhöht entsprechend den Gewinn (vergl. Abb. 8).

Die vereinfachte Darstellung des Rentabilitätsschaubilds mit linearem (proportionalem) Verlauf von Umsatz und variablen Kosten sowie konstanter Fixkostenhöhe ist zwar nicht ganz realistisch, jedoch für die praktische Rechnung in gewissen Grenzen zweckmäßig und vielfach vertretbar.

Bei Sonderaktionen werden jedoch bewusst auch die Fixkosten als beeinflussbar, als Ziele der Rationalisierung angesetzt, und die Proportionalität der variablen Kosten zu drücken versucht.

Abbildung 9 zeigt zusätzlich, wie über längere Zeiträume immer mehr Einflussgrößen beeinflussbar und durch entsprechende Offensiven günstiger zu gestalten sind.

2.4
Wirtschaftlichkeit

Der Begriff Wirtschaftlichkeit wird in verschiedenen Formen gebraucht. In der Alltagsprache bedeutet er haushälterisch, ökonomisch oder soviel wie sparsam.

In der betriebswirtschaftlichen Terminologie dagegen liegen ihm vor allem zwei Bedeutungen zugrunde [3]:

1. Absolute Wirtschaftlichkeit (z. B.: Projektrechnung)

Absolute Wirtschaftlichkeit ist gegeben, wenn der Ertrag einer Produktionsleistung größer ist als die Kosten des Einsatzes, wenn also gilt:

Absolute Wirtschaftlichkeit ist:

$$\frac{\text{Ertrag der Produktionsleistung}}{\text{Kosten des Einsatzes}} > 1.$$

Eine privatwirtschaftliche Unternehmung muss über einen längeren Zeitraum gesehen absolut wirtschaftlich arbeiten.

Die Summe aller Einnahmen muss größer sein als die Summe aller Ausgaben. Die absolute Wirtschaftlichkeit kann nur ermittelt werden, wenn, wie bei einer Projektrechnung, der Ertrag des Projekts und der Aufwand

sich gegenseitig voll zurechenbar sind, also, „wenn das Gewinnzutei-
lungsproblem lösbar" ist (vergl. Abb. 10).

2. Relative Wirtschaftlichkeit (z.B.: Alternativen – Vergleich)

Als relative Wirtschaftlichkeit gilt das Aufwandsverhältnis oder das
Kostenverhältnis mehrerer im Vergleich stehender Vorhaben mit dem
gleichen Ertrag. Bei gleichem Ertrag ist ein Vorhaben B gegenüber Vorhaben A relativ wirtschaftlich, wenn der Wert

$$\frac{\text{Kosten des Einsatzes bei B}}{\text{Kosten des Einsatzes bei A}} < 1 \text{ ist.}$$

Die Ermittlung der absoluten und der relativen Wirtschaftlichkeit ist die
Aufgabe der Wirtschaftlichkeitsrechnung.

Ein Beispiel soll zeigen, dass technischer und technologischer Fort-
schritt nicht gleichzusetzen ist mit Wirtschaftlichkeit (vergl. Abb. 11):

Für die Bearbeitung von Wellen kann eine Normalmaschine eingesetzt
werden, die, von einem Mann bedient, die geforderte Leistung erbringt.

Eine Mechanisierung der Maschine, die das Beschicken und Entladen
erleichtert, bringt etwa 20 % Zeit- und Personalkosteneinsparung,
aber nur 5 % Gesamtkosteneinsparung, da die Betriebsmittelkosten um 5
„Punkte" ansteigen. Die Maßnahme ist jedoch ganzheitlich betrachtet
relativ wirtschaftlich.

Die Automatisierung ermöglicht weitgehende „Befreiung des Menschen von taktgebundener Arbeit" und weitere 20 % Zeiteinsparung für
die Maschine, die jedoch wegen dem begrenzten Bedarf nicht genutzt

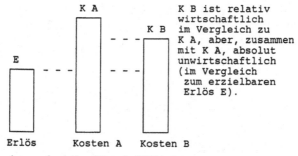

Abb. 10. Absolute und relative Wirtschaftlichkeit

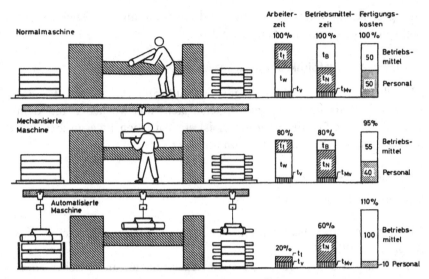

Abb. 11. Mechanisierung – Automatisierung – Rationalisierung

werden kann. Die Gesamtkosten steigen auf 110 Punkte infolge des hohen Automatisierungsaufwandes. Automatisierung ist damit nicht gleichbedeutend mit Rationalisierung. Erst die Wirtschaftlichkeitsprüfung kann nachweisen, ob es sich um echte Rationalisierung oder um eine Fehlinvestition handelt.

Ob aber der Gesamtprozess „normal", „mechanisiert" oder „automatisiert" absolut wirtschaftlich ist, zeigt das Bild nicht, da die Einnahmenseite bzw. der Erlös für den Prozess nicht genannt ist.

KAPITEL 3

Verfahren der Kostenermittlung, ihre Voraussetzungen und Grenzen

„Es gibt in der Wissenschaft Fragen,
die aus der Natur der Sache heraus
nicht beantwortet werden können.
Dazu gehört die naheliegende, aber laienhafte Frage:
„Was kostet die Leistungseinheit?"
Es kann nicht die Aufgabe der Betriebswirtschaftslehre sein,
dem praktischen Bedürfnis nach Beantwortung dieser Frage
dadurch entgegenzukommen,
daß sie Methoden zu entwickeln oder konservieren hilft,
die nichts anderes darstellen,
als eine Mischung aus viel Dichtung und wenig Wahrheit."

Riebel [4]

Die Tatsache, dass es keine „richtige" Kostenrechnung gibt, dass alle Kostenermittlungen höchstenfalls „wahre" oder „wahrscheinliche" Ergebnisse bringen können, und dass außerdem jede andere Fragestellung einen anderen Kostenumfang, andere Kostengruppierungen bedingen kann, hat viel Unsicherheit und daher Geheimhaltung in die Kostenrechnung gebracht.

Wer Kosten nennt, muss sich der Gefahr aussetzen, dass die Daten angezweifelt werden, dass sie – bei geringfügigen Änderungen der Annahmen – widerlegt werden können. Daher sind klare Definitionen und tiefgründiges Kostenwissen erforderlich, wenn verbindliche Kostendaten genannt werden.

In der Praxis kommt man auch nicht aus ohne gewisse pragmatische Vereinfachungen, auf die Gefahr hin, vertretbare systematische Fehler zu begehen. Die Notwendigkeit der Reproduzierbarkeit von Datenermittlungen, um individuelle Willkür auszuschließen, bedingt solche Vereinheitlichungen. Sie werden nach kritischer Prüfung in betrieblichen Richtlinien festgeschrieben und sind dann verbindlich für alle betroffenen Stellen.

Der Entwicklungsprozess bei der aufgtragsgebundenen Einzel- und Kleinserienfertigung hat etwa folgende Phasen:

- Anfrage mit Forderungen und Wünschen,
- Rohkonzept mit Angebot,
- Pflichtenheft und Konzept,
- Entwürfe und Berechnungen,
- Konstruktion mit Ausarbeitung,
- Fertigungsplanung,
- Teilefertigung und Montage sowie,
- Auslieferung und Abrechnung.

Während dieser Entwicklungsphasen sind folgende kostenorientierte Maßnahmen erforderlich:

Vorkalkulation – Zielkalkulation – Funktionskosten

a) Zur Erstellung des Angebotes ist der Preis festzulegen, sei es als Marktpreis mit retrograder Ermittlung der zulässigen Kosten oder als Kostenpreis auf der Basis von SOLL-Kosten (oder geplanten Kosten) und einem SOLL-Ergebnis (oder Gewinn).

Zur Ermittlung der SOLL-Kosten bei Einzelfertigung ist zumeist ein Rohkonzept zu entwickeln, nach dem durch Vergleichen und Schätzen oder durch Grobkalkulationen die Kosten errechnet werden.

b) Zur Steuerung der Entwicklungsarbeit sind ferner Kostenziele möglichst personifiziert vorzugeben. Diese SOLL-Kosten sind nach Entwicklungskosten, nach Herstellkosten 1 und nach Sonderkosten (typgebundene Investitionen) zu unterteilen.

c) Die Erzeugniskosten, die als Kostenziel der Entwicklung und der Arbeitsvorbereitung vorliegen, müssen anhand von Vergleichsobjekten nach Funktionsgruppen heruntergebrochen werden bis zu den selbstverantwortlichen Entwicklern und Arbeitsvorbereitern. Nur, wenn eine realistische, persönliche Kosten-, Funktions- und Terminverantwortung besteht, und wenn hierfür die notwendigen Qualifikationen und Befugnisse vorhanden sind, ist zu erwarten, dass die vorgegebenen Ziele auch eingehalten werden.

Zwischenkalkulationen – Mitlaufende Kalkulation – Begleitkalkulation

Die Zielüberwachung bedingt Zwischenkalkulationen (mitlaufende Kalkulationen oder Begleitkalkulationen, je nach betrieblicher Terminologie), in der die jeweils angefallenen IST-Kosten den entsprechenden SOLL-Kosten gegenübergestellt werden. Hier werden auch Abweichungen zum frühestmöglichen Zeitpunkt erfasst.

Werden bei der Zwischenkalkulation wesentliche Kostenüberschreitungen erkannt, wird von einer beauftragten Arbeitsgruppe (evtl. Wertanalyse-Gruppe) überprüft,

- ob die funktionale Zielsetzung (evtl. das Pflichtenheft) geändert werden sollte,
- ob weitere, kostengünstigere Lösungen bestehen,
- oder ob höhere Kosten akzeptiert werden müssen.

Erst nach diesen Prüfungen wird das Projekt beurteilt.

Nachkalkulation – Tageskalkulation

Die Zielerfüllungskontrolle stellt die Endabrechnung für den Auftrag oder eine Zwischenabrechnung für eine Serie dar. Hierbei sind IST-Daten bzw. Plan-Daten für Fertigungszeiten und Fertigungsmaterial sowie Echtwerte der Betriebsmittel- und Anlaufkosten bekannt.

Hierfür werden bei der Einzelfertigung die gesamten Auftragsdaten anhand der Auftragspapiere und Stücklisten erfasst und bewertet und nach Funktionsgruppen o.ä. zusammengestellt.

Der Vergleich mit den SOLL- oder Plankosten der Vorkalkulation zeigt nicht nur die Abweichungen und ihre verschiedenen Gründe, sondern hilft auch, die Unterlagen für künftige Vorkalkulationen zu verbessern.

Bei der Serien- oder Massenfertigung ist eine derartige Nachkalkulation nicht möglich, weil meistens keine geschlossenen Aufträge gebildet werden. Hier wird nach Planwerten der Stücklisten und Fertigungsplänen, und nach Tagessätzen der Preislisten und Lohnlisten kalkuliert sowie auf der Basis der angefallenen Gemeinkosten und evtl. zusätzlicher „Anlaufkosten". Man nennt diese, auf Tageswerten basierende Rechnung, „Tageskalkulation".

Welche Daten für die Kostenermittlung sind nun zu den verschiedenen Phasen des Entwicklungsablaufs vorhanden und welche Kalkulationsarten sind damit nur möglich?

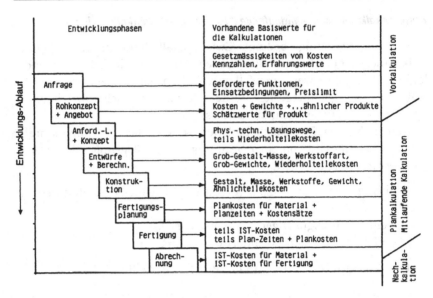

Abb. 12. Basiswerte für Kalkulationen zu verschiedenen Zeitpunkten der Entwicklung

Abbildung 12 zeigt links den Ablauf von einer Anfrage über Angebot, Konzept, Entwurf usw. bis zur Abrechnung, wobei bewusst die Überlappung der Arbeiten angedeutet ist.

Die rechte Bildhälfte verweist auf die Daten, die zum jeweiligen Zeitpunkt vorhanden sind, bei der Vorkalkulation, bei der mitlaufenden Kalkulation und schließlich bei der Nachkalkulation der Einzelfertigung bzw. bei der Tageskalkulation der Serienfertigung.

Daraus ist ersichtlich, dass für Neuteile, neue Baugruppen oder gar ganz neue Erzeugnisse im Frühstadium nur mit pauschal oder durch Vergleich geschätzten Mengen, Zeiten und Kosten zu rechnen ist, wobei Kennzahlen, Kostengesetzmäßigkeiten, Gewichtsschätzungen usw. als unterstützende Hilfen einzusetzen sind.

Vorteilhaft ist es, wenn auch die Vor- und Zwischenkalkulationen auf den Größen: Materialeinzelkosten, Fertigungszeiten, Sondereinzelkosten der Entwicklung, Investitions- und sonstigen Einzelkosten aufbauen, oder zumindest diese Werte ermitteln, so dass Abweichungen später auf die Ausgangsgrößen zurückgeführt werden können.

1. Gesetzmäßigkeiten und Tendenzen der Kosten

Unabhängig von speziellen Anfragen und Aufträgen bestehen gewisse Gesetzmäßigkeiten von Kosten und liegen in jedem Unternehmen bestimmte Kennzahlen und Erfahrungswerte über die zu entwickelnden Produkte vor. Nur ganz selten stößt ein Unternehmen mit einer Entwicklung in völliges Neuland vor. Diese Gesetzmäßigkeiten zu beachten und danach Kostenvor- oder -nachteile zu beurteilen, gehört zu den Grundforderungen für jeden Konstrukteur. Vereinheitlichungsvorteile nutzen, Wiederholteileverwendung, Baukasten- und Typreihenbildung sind Anregungen, die hierzu gehören.

2. Konzeptorientierte Verfahren

Liegt eine Anfrage vor, für die ein Angebot auszuarbeiten ist, dann sind normalerweise weder der direkte Materialbedarf noch der Fertigungszeitbedarf bekannt noch kurzzeitig zu ermitteln. Auf was man zurückgreifen kann, sind Hinweise über geforderte Funktionen, Einsatzbedingungen, eventuell Preisvorstellungen. Erst mit Hilfe eines Rohkonzepts sind Vergleichsaggregate und deren Kosten festzustellen sowie geschätzte Mehr- oder Minderkosten, einschließlich geschätzter oder nach Ähnlichkeitsgesetzen gerechneter Kosten für neue Baugruppen und Montagen. Vergleichskalkulationen, Schätzkalkulationen und Sonderkalkulationen bilden die Basis für die Angebotskalkulation. Dass hier gewisse Risiken und Ungenauigkeiten bestehen, muss in den kalkulatorischen Ansätzen ausgewiesen werden.

3. Konstruktiv orientierte Verfahren

Liegen Skizzen, Entwürfe oder Zeichnungen bereits vor, sind aber die Abmessungen, die Toleranzen und die speziellen Materialspezifikationen noch nicht endgültig festgelegt, dann lohnt sich eine aufwendige Einzelkostenerfassung mit Zuschlags- oder Platzkostenrechnung normalerweise noch nicht. Es sind daher Verfahren anzuwenden, die vorwiegend auf den technischen Daten der Konstruktion aufbauen und die Technologie zunächst noch außer Ansatz lassen.

Derartige Verfahren sind die Gewichtskalkulation, die trotz aller Bedenken in bestimmten Bereichen ihre Berechtigung besitzt, die Relativkostenrechnung für bestimmte Vergleichsrechnungen, die Kalkulation mit rechnerischen Parametern (Äquivalenzziffern) und Sonderrechnungen.

In gewissen Fällen können hier bereits technologische Ansätze verwendet werden, sei es durch EDV-Generierung von Fertigungsplänen und nachfolgende Kostenermittlung, sei es durch simulierte Konstruktionsergänzungen in der Arbeitsvorbereitung. Letztgenannte Arbeiten sind jedoch sehr zeitaufwendig und nur selten zu empfehlen.

4. Technologisch orientierte Verfahren

Liegen Zeichnungen, Stücklisten und Fertigungspläne vor und sind auch die Produktionsstückzahlen bekannt, dann können mit den gebräuchlichen Zuschlagskalkulationen auf Kostenstellenbasis, mit Platzkostenkalkulationen (Maschinenstundensatzrechnungen) oder in Sonderfällen mit Einzelkostenrechnungen die Herstellkosten o.ä. ermittelt werden. Diese Kalkulationen bilden bei Serienprodukten die Grundlage für die Preisbildung und für die Produktbeurteilung.

Konstruktionsvergleiche oder Verfahrensvergleiche von Serienprodukten müssen auf der Basis von Einzel- oder Platzkosten erfolgen, da die anderen Verfahren für diese Entscheidungen zu grob sind.

3.1
Kostengesetzmäßigkeiten und -tendenzen

Kosten sind wirtschaftlich-technischen Gesetzen unterworfen, die so zwingend sind wie die technisch-physikalischen Gesetze [5].

Die meisten wirtschaftlichen Gesetze können jedoch nicht deduktiv hergeleitet werden, da die einzelnen Faktoren nicht isoliert voneinander zu betrachten sind. Nur als „Erfahrungsgesetze", also induktiv, aus einer Großzahl von Beobachtungen, lassen sich die funktionalen Zusammenhänge herausschälen (Statistische Absicherung).

Das Pflichtenheft bestimmt das Gesamtniveau von Preis und Kosten. Entwicklung und Marketing legen im Pflichtenheft die Untergrenze der Herstellkosten fest. Die Arbeitsvorbereitung und die Fertigung können nur versuchen, das in der Konstruktion liegende Kostenminimum zu erreichen. Daher ist es wohl angebracht, zunächst einige Probleme zum Pflichtenheft und zur Konstruktion zu besprechen.

Statt der Frage nach fertigungsgerechtem Konstruieren wird in den letzten Jahren immer mehr die Frage nach marktgerechtem und kostengerechtem oder kostengünstigem Konstruieren gestellt und nach umweltschonender Herstellung und Entsorgung.

Der Grundsatz
„So gut wie möglich"
wird allmählich abgelöst durch den Grundsatz
„So gut wie nötig".

Es soll nicht mehr in die Erzeugnisse hineinkonstruiert werden als der Kunde zu bezahlen bereit ist. Der Mehraufwand muss stets in einem angemessenen Verhältnis zum höheren Nutzwert stehen. Der Kunde zahlt uns nur seinen Nutzwert, nicht aber unsere Kosten. Daher soll nicht die technische, sondern die wirtschaftliche Optimallösung angestrebt werden. Die Konstruktion auf eine begrenzte Lebensdauer und auf quantifizierte Zuverlässigkeit sind nicht nur im Flugzeugbau, sondern auch schon in anderen Branchen allgemeine Richtschnur geworden.

Die Idealkonstruktion ist so zu dimensionieren,
dass alle Teile, nach Ablauf der vorgesehenen Nutzungsdauer,
zum gleichen Zeitpunkt gebrauchsuntüchtig werden.

In den USA hat eine Kühlschrankfabrik, die beim Verkauf neuer Schränke in Zahlung genommenen älteren Kühlschränke demontiert, um festzustellen, welche Teile bei allen Schränken noch einwandfrei bzw. überdimensioniert waren und somit „abgespeckt" werden konnten. Schwachstellen melden sich von selbst. Überdimensionierungen kosten oft mehr Geld, machen sich jedoch nicht direkt bemerkbar, sondern nur in hohen Kosten.

Einfach zusammengefasst kann als Richtsatz für die Dimensonierung oder Tolerierung gelten:

Ein Teil ist so zu konstruieren,
dass der Gesamtschaden, der bei seinem Versagen entsteht,
ein wenig kleiner ist als der Mehraufwand
durch eine stärkere Dimensionierung oder genauere Fertigung.

Diese Forderung klingt zwar etwas revolutionär, sie ist aber schon lange die Maxime bei harter Konkurrenz.

Als allgemeine Gesetzmäßigkeiten, denen die Kosten bei optimaler Planung gehorchen, lassen sich durch logische Überlegungen und aus Beobachtungen, Auswertungen und allgemeinen Erfahrungen bei vielen Projekten die nachfolgenden Regeln mathematisch fassen:

3.1.1
Wachstumsgesetze

Bei der Kalkulation von Baureihen wie Motoren, Pumpen, Getrieben oder von Anlagen, die in unterschiedlichen Größen errichtet werden wie Chemieanlagen, Kraftwerksanlagen, Entsorgungsanlagen oder sonstigen Produkten, die nach den Ähnlichkeitsgesetzen aufgebaut werden, haben sich seit vielen Jahren Kalkulationsformeln bewährt, die auf einfachen Gesetzmäßigkeiten aufbauen oder nach ausgewerteten Nachkalkulationen ausgeführter Anlagen interpolierend oder extrapolierend ermittelt wurden.

So gelten für die unten abgebildete Motorbaureihe (Abb. 13) in erster Näherung folgende Gesetzmäßigkeiten:

- Das Volumen der Motoren wächst nach dem Längenverhältnis hoch 3.
- Die Oberfläche der Motoren wächst nach dem Längenverhältnis hoch 2 und
- die Höhen, Breiten, Tiefen sind proprotional zueinander, also wachsen direkt im Längenverhältnis der anderen Dimensionen.
- Das Gewicht, die Kupferkosten, die Eisenkosten verhalten sich etwa wie die Volumina, also wie das Längenverhältnis hoch 3.
- Der Farbverbrauch, die Bearbeitung, sind vorwiegend von der Fläche abhängig, also wachsen sie etwa wie die Fläche, im Quadrat zum Längenverhältnis.
- Die Zeiten und Kosten für das Umrüsten der Maschinen, die die kleinen, mittleren und großen Motoren bearbeiten, steigen sichtlich unterproportional zum Längenverhältnis. Dies musste jedoch von qualifizierten Kostenrechnern statistisch untersucht und quantitativ belegt werden, was im Rahmen einer Dissertation gelang. Dort wurde

Abb. 13. Ähnlichkeitsgesetze mit Normreihe R 5 = $\sqrt[5]{10}$

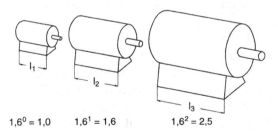

$$1{,}6^0 = 1{,}0 \qquad 1{,}6^1 = 1{,}6 \qquad 1{,}6^2 = 2{,}5$$

herausgefunden, dass sie etwa proportional zur Wurzel des Längenverhältnisses, also zum Längenverhältnis hoch $^1/_2$ wachsen.

Nach diesen einfachen Überlegungen sollen nun die Auswertungen
mathematisch gefasst werden (vergl. Abb. 14):

a) Materialkosten (k_m)

$$k_{m2} = k_{m1} \left(\frac{l_2}{l_1} \right)^{\alpha}$$

mit $\alpha \approx 3$ und den Längen $l_{1/2}$ der ähnlichen Produkte.

Die Materialkosten ähnlicher Teile steigen etwa proportional zum
Volumen bzw. zur 3. Potenz des Längenverhältnisses.

b) Fertigungskosten (k_f)

$$k_{f2} = k_{f1} \left(\frac{l_2}{l_1} \right)^{\beta}$$

mit $1{,}8 \leq \beta \leq 2{,}2$.

Die Fertigungskosten ähnlicher Teile steigen etwa proportional zur
Oberfläche bzw. zur 2. Potenz der Längenverhältnisse.

(Bei Massenteilen ist etwas weniger, bei Kleinserienteilen etwas mehr
Wachstum zu erwarten).

c) Rüstkosten (k_r)

$$k_{r2} = \frac{n_1}{n_2} k_{r1} \left(\frac{l_2}{l_1} \right)^{\tau}$$

mit $0{,}4 \leq \tau \leq 0{,}6$
$\qquad \downarrow \qquad \downarrow$
$\quad$ Serie $\quad$ Kleinserie

und $n_{1/2}$ = Losgröße in Stk/Los.

Die Rüstkosten steigen etwa proportional zur Wurzel aus den Längen-
verhältnissen und proportional zum Kehrwert der Losgrößen. (Je kleiner
die Losgröße, desto höher die Rüstkosten je Stück.)

Aus den drei obengenannten Wachstumsgesetzen kann das Ähnlich-
keitsgesetz für Baureihen abgeleitet werden:

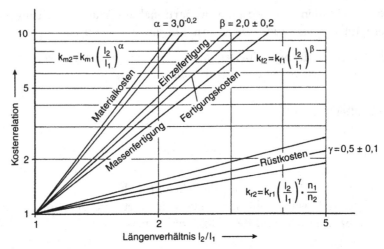

Abb. 14. Wachstumsgesetze für Material-, Fertigungs- und Rüstkosten

d) Baureihen-Ähnlichkeitsgesetz

$$k_{h2} = k_{m1}\left(\frac{l_2}{l_1}\right)^3 + k_{f1}\left(\frac{l_2}{l_1}\right)^2 + \frac{n_1}{n_2}k_{r1}\left(\frac{l_2}{l_1}\right)^{0,5}$$

Unter weiterer Einbeziehung des „Leistungsgesetzes" (siehe Abschnitt 3.1.3) kann die optimale Größenstufung von Baureihen hergeleitet werden:

Bei gleichem Bedarf an verschieden großen Teilen sollten einheitlich große Teile verwendet werden, wenn die großen Teile nicht mehr überdimensioniert sind als

$$9\%, (\ \lambda_\mu = \frac{l_2}{l_1} \le 1,09) \text{ bei materialintensiven Werkstücken bis}$$

$$29\%, (\ \lambda_\beta = \frac{l_2}{l_1} \le 1,29) \text{ bei bearbeitungsintensiven Werkstücken.}$$

e) Stufensprung bei Baureihen

Aus diesen Kostenbeziehungen kann gefolgert werden:

Bei Baureihen sollte der Stufensprung in den Längenabmessungen bei materialintensiven Produkten nicht wesentlich unter der Normreihe R 20

(Stufensprung $\sqrt[20]{10} = 1,12$) und bei fertigungsintensiven Produkten nicht unter R 10 (Stufensprung $\sqrt[10]{10} = 1,25$) gewählt werden, da geringere Abstufung wegen der damit verbundenen kleineren Produktionsmengen höhere Kosten verursacht als eine teilweise Überdimensionierung.

f) Optimale Stufung

Da die Fertigungskosten eines Erzeugnisses etwa proportional zur Länge l hoch 2 und die Materialkosten eines Erzeugnisses etwa proportional zur Länge l hoch 3 wachsen und außerdem die Fertigungskosten zur Produktionsleistung n hoch –0,322 abfallen und die Materialkosten etwa zur Produktionsleistung n hoch –0,152, lässt sich eine wirtschaftlich optimale Typreihenbildung errechnen mit einem Längensprung λ von

$$\lambda_f = \frac{l_2}{l_1} = 1,196 \text{ für fertigungskostenbestimmte Produkte}$$

und $\lambda_m = \dfrac{l_2}{l_1} = 1,113$ für materialkostenbestimmte Produkte.

Da die Leistung P etwa proportional zum Volumen ansteigt, erfolgt eine optimale Leistungsstufung Π_{opt} von

$$\Pi_{opt} = \frac{P_2}{P_1}$$

mit $\Pi_{optf}^3 = 1,711$ für fertigungsbestimmte Produkte
und $\Pi_{optm}^3 = 1,379$ für materialbestimmte Produkte.

Der Stufensprung der Normreihe R 5 $\approx$ 1,50 liegt zwischen diesen beiden Extremwerten und sollte damit als Leistungsstufensprung für Produkte angesetzt werden, die etwa gleich viel Fertigungkosten wie Materialkosten haben. Damit können für eine leichte Getriebereihe zwischen 20 und 100 kW folgende Abstufungen empfohlen werden:

Getriebe Größe	1	2	3	4	5
Leistung in kW	20	30	45	67	100

Für zwischenliegende Leistungen sind jeweils die Getriebe höherer Leistung einzusetzen und eventuell etwas „abzuspecken".

Beispiel zu 3.1.1: Kosten einer Getriebereihe
(nach den Wachstumsgesetzen)

Eine Getriebebaureihe werde so aufgebaut, dass in den Längenabmessungen ein Stufensprung von

$$\lambda = \frac{l_{i+1}}{l_i} = R\,20 = \sqrt[20]{10} = 1{,}12 \text{ eingehalten wird.}$$

(Dieser Stufensprung zeigte sich bereits als wirtschaftlich günstig.)

Von der Getriebereihe wurde die mittlere Größe bereits technologisch (mit Stückliste und Arbeitsplänen) kalkuliert. Die anderen Größen sollen anhand der Wachstumsgesetze „hochgerechnet" werden.
Die Materialkosten steigen etwa mit dem Längenverhältnis λ hoch 3.
Die Fertigungskosten steigen etwa mit λ hoch 2
und die Rüstkosten steigen etwa mit λ hoch 0,5 .

Die Rüstkosten sind beim kleinsten und beim größten Getriebe auf 50 Stk und bei den dazwischenliegenden Getrieben auf 100 Stk umzulegen.

Benennung	Wachs-tums-faktor	Varianten-Nummer				
		1	2	3	4	5
Längenfaktor	λ^n	1,00	1,12	**1,25**	1,40	1,57
Material-kosten	λ^3	100	140	**197**	277	389
Fertigungs-kosten	λ^2	100	125	**157**	197	247
Rüstkosten*	$\lambda^{0,5}$	$\frac{1786}{50}=36$	$\frac{1890}{100}=19$	$\frac{\mathbf{2000}}{\mathbf{100}}=\mathbf{20}$	$\frac{2116}{100}=21$	$\frac{2240}{50}=45$
Summe = HK 1*	Σ	236	284	**374**	495	681

* in €/Stk

Ausgehend von den **374 €** steigen die Herstellkosten 1 mit der Größe wie erwartet.

3.1.2
Mengengesetze

a) Lernkurve (für Fertigungszeiten bzw. -kosten)

Seit den 20er Jahren (de Jong [6] und später Schieferer [7]) ist bekannt, dass bei Serienanläufen während der Anlaufphase die Fertigungszeiten je produzierte Einheit nach mathematisch leicht fassbaren Gesetzmäßigkeiten abfallen, bis sie, nach einer gewissen Anlernzeit, die vorgerechneten Vorgabezeiten erreichen (vergl. Abb. 15).

Trägt man die benötigten Fertigungszeiten in ein doppelt logarithmisches Diagrammblatt ein, liegen sie etwa auf einer Geraden, (Abb. 16), was bedeutet, dass bei jeder Verdoppelung der Produktionsleistung die gebrauchte Zeit je Einheit um den gleichen Prozentsatz reduziert werden

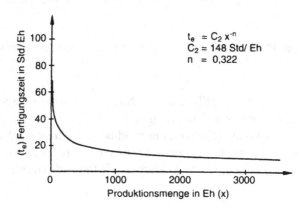

Abb. 15. Fertigungszeitbedarf während der Anlaufperiode (linear)

$$t_e = C_2 \, x^{-n}$$
$$C_2 = 148 \text{ Std/ Eh}$$
$$n = 0{,}322$$

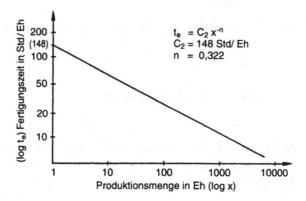

Abb. 16. Fertigungszeitbedarf während der Anlaufperiode (logarithmisch)

$$t_e = C_2 \, x^{-n}$$
$$C_2 = 148 \text{ Std/ Eh}$$
$$n = 0{,}322$$

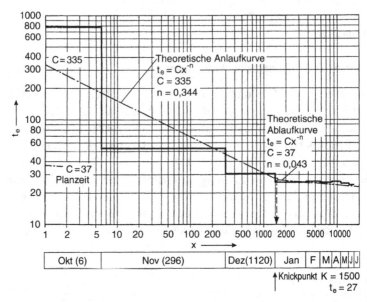

Abb. 17. Anlauf- und Ablaufkurve einer Aggregatfertigung (PKW-Automatik-Getriebe)

kann, bis schließlich, in der Nähe der normalen Serienzeit, die Degressionskurve abknickt (vergl. Abb. 17).

In Abhängigkeit von der Produktionsmenge ergeben sich für die Fertigungszeiten $t_{f1/2}$ beim Erreichen der Produktionsmengen m_1 und m_2 (Stückzahlen) in der Anlaufperiode folgende Gesetzmäßigkeiten:

$$t_{f2} = t_{f1} \left(\frac{m_1}{m_2} \right)^{\mu} = t_{f1} \times m_1^{\mu} \times m_2^{-\mu}, \text{ mit } t_{f1} \times m_1^{\mu} = C_2$$

mit m = absolute Menge in Stk seit Fertigungsbeginn.

und $0 \leq \mu \leq 0{,}322$
    ↓   ↓

ohne mit 80% Lernwirkung

$$t_{f2} = C_2 \times m_2^{-\mu}.$$

Aufgrund der „Übungsdegression" sind bei jeder Verdoppelung der Menge m die Fertigungszeiten der Produktionseinheit um 10% bis zu 20% zu senken.

Die Grenze der Degression liegt bei „Einzelfertigung" um 100 Stück und bei Massenfertigung bei etwa 3000 Stück oder noch höher. Danach verringert sich die Degression.

Aber auch nach dem Erreichen der Serienzeit lässt sich in der Praxis über Jahre hinweg die Vorgabezeit reduzieren, wenn außer dem „Lerneffekt" oder „Routineeffekt" der Anlaufperiode, die technisch-technologische Aktualisierung im konstruktiven wie auch im fertigungstechnischen Bereich aktiv betrieben wird.

In Abb. 18 sind die Zeitbedarfswerte für zwei Serienmotoren über einen Zeitraum von 10 Jahren notiert. Die jeweilige Halbierung der benötigten „Vorgabezeiten" innerhalb der 10 Jahre weist einen Degressionsfaktor aus von $\sqrt[10]{0,5} = 0,93$ bzw. 93%. Das heißt, jedes Jahr konnten im Durchschnitt die Vorgabezeiten um 7% bzw. auf 93% des Vorjahreswerts weitergesenkt werden.

Da hierfür jedoch laufend erhebliche Investitionen erforderlich waren, und dadurch die Gemeinkostensätze ständig anstiegen, ließen sich die Kosten wesentlich weniger senken als die Vorgabezeiten (nach realistischen Annahmen nur etwa 3% p.a.).

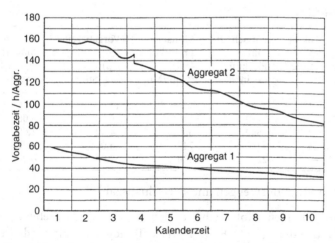

Abb. 18. Entwicklung der Vorgabezeiten innhalb von 10 Jahren bei Serienaggregaten

Beispiel zu 3.1.2 a: Anlauf- und Lernkurven

Ein neues Kopiergerät soll mit einer Produktionsleistung von M = 960 Geräten pro Monat in einer Serienzeit von t_e = 3 Stunden pro Gerät gebaut werden.

Die Anlaufzeit wird mit 4 Monaten angenommen, innerhalb derer die volle Serienzeit erreicht wird.

a) Welche Mengen sind in den ersten vier Monaten (Mo 1 bis 4) nach einer produktionsgerechten Anlaufkurve aufzulegen bzw. welche Fortschrittszahlen und welche Monatsproduktionsmengen ergibt dies?

b) Wie hoch ist der Mehrzeitbedarf je Gerät ($\Delta T = t_{ex} - t_e$) am Ende des jeweiligen Monats (Mo), wenn die Lernkurve den Exponenten $\mu = -1/3$ bzw $-0,333...$ hat?

c) Wie hoch ist die Mehrzeit während der ganzen Anlaufphase?

d) Wieviel „Mehrzeitumlage" muss auf einen Kopierer verrechnet werden, wenn 3 Jahre nach Produktionsbeginn die Produktion eingestellt werden muss und nach dem Anlauf konstant 960 Geräte pro Monat verkauft werden.

Ergebnistabelle

Zeit (z) in Mo	Faktor (z^3) in Mo^3	Fortschritts-zahl FZ (kum.) (x) in Stk	Monats-produktion (x') in Stk/Mo	Vorgabezeit (t_{ex}) in h/Stk	Mehrzeit am Monatsende ($t_{ex} - t_e$) in h/Stk
1	1	20	20	12,00	9,00
2	8	160	140	6,00	3,00
3	27	540	380	4,00	1,00
4	64	1280	740	3,00	0,00
5	–	2240	960	3,00	0,00

Zu a) Produktionsmengen und Fortschrittszahlen

Nachrechnungen erfolgreicher Serienanläufe haben ergeben, dass die Produktionsmenge x (= Fortschrittszahl) möglichst mit der dritten Potenz der Zeit ansteigen soll, also:

$$x = C_1 \cdot z^3$$

mit C_1 = Erfahrungskosnstante und

$\quad$ z = Zeitperiode (evt. Woche oder Monat).

Die Produktionsleistung $\dfrac{dx}{dz}$ beträgt dabei $\dfrac{dx}{dz} = 3\,C_1 \cdot z^2$.

Sie soll am Ende der Anlaufperiode den Wert M, die normale Serienleistung von 960 Geräten je Monat (= Ger/Mo) ereichen.

Mit den vorgegebenen Werten ist für den Serienanlauf C_1 zu ermitteln. Setzt man

$$M = 3\,C_1 \cdot (4\ \text{Mo})^2 = 960\ \text{Ger/Mo, wird}$$

$$C_1 = \frac{960\ \text{Ger/Mo}^3}{3 \cdot 4^2} = 20\,\frac{\text{Ger}}{\text{Mo}^3}.$$

Mit diesem Wert von C_1 errechnen sich die Fortschrittszahlen x zum Monatsende bis Monat 4, wie in der Tabelle eingetragen. Im Monat 5 wird die volle Menge von 960 Geräten produziert. Die folgende Spalte der Tabelle zeigt die Produktionsmengen der einzelnen Monate, errechnet aus der Differenz der Fortschrittzahlen.

Zu b) Fertigungszeiten

Die Fertigungszeiten t_{ex} am jeweiligen Monatsende (bei x) erhält man aus der Anlaufkurve (die x-Werte) und aus der Lernkurve (die t_{ex}-Werte).

$$t_{ex} = C_2\,x^{-\eta}.$$

Daraus ergibt sich nach der Aufgabenstellung mit $t_{e4} = 3,00$ h/Ger für M = 1280 Geräte

$$C_2 = 1280^{1/3} \cdot 3\,\frac{h}{\text{Ger}} = 32,57\ \text{h/Ger.}$$

Die gesuchte Fertigungszeit an den Monatsenden ist

$$t_{e1} = 32,57 \cdot 20^{-0,333}\,\frac{h}{\text{Ger}} = 12,00\,\frac{h}{\text{Ger}}$$

$$t_{e2} = 32,57 \cdot 160^{-0,333}\,\frac{h}{\text{Ger}} = 6,00\,\frac{h}{\text{Ger}}$$

$$t_{e3} = 32,57 \cdot 540^{-0,333}\,\frac{h}{\text{Ger}} = 4,00\,\frac{h}{\text{Ger}}$$

$$t_{e4} = 32{,}57 \cdot 1280^{-0{,}333} \, \frac{h}{Ger} = 3{,}00 \, \frac{h}{Ger} \, .$$

Siehe Tabelleneintragung!

Zu c) Mehrzeiten

Die Mehrzeit während der Anlaufperiode beträgt:

$$\Delta T = (\int_0^{1280} C_2 \, x^{-n} \, dx - 1280 \cdot 3) \, h.$$

Daraus ergibt sich

$\Delta T = 1883$ h.

Der Mehrzeitbedarf ist somit 1883 h.

Zu d) Gesamtproduktion und Mehrzeitumlage

$(36 - 4)$ Mo $\cdot$ 960 Ger/Mo + 1280 Ger = 32 900 Ger.

Die Mehrzeit beträgt

$\Delta T' = 1883$ h/32 900 Ger   = 0,057 h/Ger

$\delta T' = 0{,}057 \, / \, 3{,}00 \cdot 100\,\%$ = 1,9 % der normalen Vorgabezeit.

Für die Umlage der Anlaufzeiten müssen ca. 2 % auf die Planzeiten zugeschlagen werden, die entsprechend auch die Kosten erhöhen.

b) Losgröße (Menge m in Stk/Los)

Bei der Kostenermittlung spielt in der Einzel- und Kleinserienfertigung die Losgröße oft eine sehr wichtige Rolle, bewegen sich doch die Rüstzeiten in Maschinenwerkstätten bei 10 % bis 100 %! der Ausführungszeiten. Hier müssen vor allem Aktionen betrieben werden, um die Rüstzeiten, und damit die Rüstkosten zu reduzieren, bevor solch hohe Rüstkostenanteile akzeptiert werden. Die Reduzierung der Rüstzeiten schafft die Möglichkeiten, in kleineren Losen wirtschaftlich zu fertigen und dabei den Lagerbestand erheblich abzubauen.

Bei losweiser Fertigung und stetigem Verbrauch steigen mit zunehmender Losgröße die losabhängigen Lagerkosten (Raum- und Zinskosten) proportional an (Abb. 19), während die Rüstkosten je Teil nach

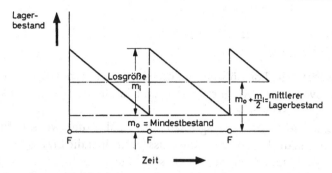

Abb. 19. Lagerbestand bei losweiser Fertigung (F) und stetigem Verbrauch

einer Normalhyperbel abfallen (Abb. 20). Aus dieser Gegenläufigkeit der beiden Kostenkurven ergibt sich die wirtschaftliche Losgröße m_w nach Andler [8] zu:

$$m_w = \sqrt{\frac{2\,M\,k_r}{k_h\,p}}\,.$$

Dabei ist:

M = Bedarf in Stk/a

k_r = Rüstkosten in €/Los

k_h = Herstellkosten in €/Stk

p = Zins- und Lagersatz (für Verzinsung des eingelagerten Materials, für vermehrten Verlust und Ausschuss, für Lagerraum, Behälter usw.)

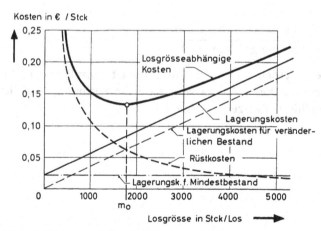

Abb. 20. Wirtschaftliche Losgröße von Schmiedeteilen

mit

p $\approx$ 15 % bis 20 % p. a. bzw.

  = 0,15/a bis 0,20/a.

Die wirtschaftliche Losgröße kann durch kürzere Rüstzeiten, durch weniger Arbeitsvorgänge, Vereinheitlichung und durch niedrige Herstellkosten günstig beeinflusst werden.

Die Einbeziehung der Losgrößen und analog der wirtschaftlichen Bestellgröße in die Kostenrechnung muss heute über die EDV gehen. Jeder Versuch, die Disponenten zu veranlassen, die wirtschaftliche Losgröße über eine Gleichung, ein Diagramm oder eine Tabelle zu ermitteln, sind Zusatzaufgaben, statt derer stets eine „fragwürdige, qualifizierte Schätzung" vorgezogen wird. Sind dagegen bei der Bedarfsermittlung in der EDV-Anlage die Einflussgrößen gespeichert und zur Rechnung genützt, wird der Beschaffungsvorschlag oder Losgrößenvorschlag meist gerne angenommen.

Anstelle der oben erwähnten „Andlerschen Losgrößenformel" kann bei „stetiger Fertigung" und „stetigem Verbrauch" auch eine erweiterte Losgrößenformel nach Müller-Meerbach [9] eingesetzt werden. Außerdem sind noch weitere Einflussgrößen wie Werkzeugstandzahlen, Mindest- und Liefermengenvorgaben u. ä. bei der Losgrößenbestimmung erforderlich, was jedoch im Rahmen dieser Kalkulationsüberlegungen nicht weiter angesprochen werden soll.

Für die Fertigungskostenermittlung kann von den Fertigungszeiten ausgegangen werden, die mit dem bekannten, fertigungsspezifischen Faktor

$$f_r = \frac{\text{Fertigungszeiten} + \text{Rüstzeiten}}{\text{Fertigungszeiten}}$$

multipliziert werden und so die Auftragszeit T (= Brutto-Fertigungszeiten) ergeben. Dieser Ansatz verbessert die Rechnung erheblich und erspart detaillierte Rüstzeiterfassungen.

Beispiel zu 3.1.2 b: Tabelle für wirtschaftliche Beschaffungsmenge

Als Orientierungshilfe zur Festlegung der wirtschaftlichen Beschaffungsmenge kann eine Gleichung dienen, die genau so hergeleitet wird und aufgebaut ist wie die „Andlersche Gleichung" für die Ermittlung der wirtschaftlichen Losgröße. Sie kann in die Bestellrechnung der EDV eingebaut werden und direkt zu wirtschaftlich optimalen Bestellvorschlägen führen.

Daneben kann durch eine Tabelle das Gefühl für die wirtschaftlichen Bestellgrößen gefördert werden, wenn in der Tabelle die optimalen Bestellwerte in €/a und der Bestellrhythmus in Monatswerten angezeigt wird (siehe nächste Seite).

Die Gleichung für die wirtschaftliche Bestellmenge m_w lautet:

$$m_w = \sqrt{\frac{2\,M\,k_b}{k_e\,p}}$$

mit

M = Bedarfsmenge in Stk/a

k_b = Bestellkosten in €/Best (= Prozesskosten pro Bestellung
  ≈ 60 bis 150 €/Bestellung, teilweise noch mehr)

k_e = Einstandspreis in €/Stk

p = Zins- + Lager- + Schwund- + ⋯ + -Kostensatz in %/a
  ≈ 20 % p. a. = 0,20/a.

Daraus ergibt sich ein Bestellrhythmus T von:

$$T = \frac{m_w}{M} = \sqrt{\frac{2\,k_b}{M\,k_e\,p}}$$

Mit

B = M k_e = Bestellwert in €/a lässt sich die Gleichung nach B auflösen.

Sie lautet dann:

$$B = \frac{1}{T^2} \cdot \frac{2\,k_b}{p}$$

und mit den Zahlenwerten
k_b = 100 €/Best und
p = 20 % p. a. ergibt sich:

$$B = \frac{1}{T^2} \cdot 1000\ € \cdot a.$$

Mit diesem Bestellwert wurde die nachfolgende Tabelle gerechnet.

Bestellvorschlag		Hilfstabelle			
Bestellwert	Bestell-rhythmus	Guppengrenze (von unten nach oben)		T^2	Bestellwert B
€/a	Mo	Mo	a	a^2	€/a
0 bis < 500	24	18	1,500	2,250	444
500 bis < 2 000	12	9	0,750	0,563	1 776
2 000 bis < 7 000	6	4,5	0.375	0,141	7 092
7 000 bis < 25 000	3	2,5	0,208	0,043	23 256
25 000 bis < 60 000	2	1,5	0,125	0,016	62 500
60 000 bis < 100 000	1	= (1+2)/2	–	–	–
Ab 100000 € tagesgenau					

Die Tabelle besagt, dass für Produkte, die einen Bestellwert von beispielsweise B = 7000 €/a bis 25 000 €/a haben, jeweils für ein Vierteljahr bestellt werden sollte.

Der dargestellte Bestellvorschlag geht davon aus, dass Einzelbestellungen erfolgen. Werden mehrere Produkte zusammen in Sammelbestellungen bezogen, können eventuell kleinere Bestellmengen beschafft werden.

Außerdem kann in bestimmten Fällen die wirtschaftliche Losgröße und die dazugehörige Materialbeschaffung in der wirtschaftlichen Bestellmenge zusammen betrachtet werden, damit das gemeinsame Optimum errechnet wird. Denn nur diese Gesamtheitsbetrachtung ist für das Unternehmen entscheidend.

Bei Bestell- und Abrufprogrammen, wie sie bei der Massenfertigung üblich sind, sind abgewandelte Ansätze zur Liefermengenoptimierung anzuwenden.

3.1.3
Leistungsgesetze

Unter Leistungsgesetzen sollen hier die Gesetzmäßigkeiten erfasst und für die Kostenbeurteilung ausgewertet werden, die von der betrieblichen Leistung = Produktionsmenge je Zeiteinheit, abhängen.

- Ein Unternehmen wird für eine bestimmte Produktionsleistung bzw. Kapazität erstellt. Es benötigt hierfür Investitionen, die zwar mit der zu schaffenden Kapazität (= höchstmögliche Produktionsleistung) ansteigen, jedoch sicher nicht proportional.

- Ferner ist bekannt, dass Unternehmen mit größerer Leistung bzw. Kapazität niedrigere Kosten je Produktionseinheit erwarten lassen, da sie mit mehr Automatisierung, Mechanisierung usw. Kostenvorteile erzielen können.
- Das dritte „Leistungsgesetz" besagt, dass ein Unternehmen bei schlechterer Auslastung (Leistung < Kapazität!) zwar niedrigere Gesamtkosten, jedoch höhere Kosten je Produktionseinheit haben wird als ein „kleineres" voll ausgelastetes haben kann.

Diese drei Kostengesetzmäßgikeiten sollen nachfolgend untersucht und in ihren Auswirkungen auf die Kostenermittlung bzw. auf die Kosten je Produktionseinheit ausgewertet werden.

a) Investitionen I und Anlagekosten K bei unterschiedlicher Kapazität

Bei der Planung von Industrieanlagen, Entsorgungsanlagen und ähnlichen Investitionsmaßnahmen wendet man heute vielfach Modellrechnungen an, die an ähnlichen, ausgeführten Anlagen hergeleitet wurden. So lässt sich zeigen, dass die Anschaffungspreise solcher Anlagen, wie auch ihr Flächenbedarf unterproportional zur Leistung der Anlagen ansteigen. Im Mittelwert steigen die Anlagenpreise etwa proportional zur Leistung hoch 2/3. Also:

$$I_2 = I_1 \left(\frac{M_2}{M_1} \right)^v$$

mit $v \approx 2/3$.

Doppelte Produktionsleistung M_i bedingt danach nur ca. 60 % höhere Investitionen I_i (vergl. Abb. 21 und Abb. 22).

Für unterschiedliche Technologien, oder, wenn die zu bauenden Anlage an ihre technologischen Grenzen kommen, so dass Mehrleistungen nur noch durch Parallelfertigung möglich ist, ändert sich der Exponent v. Daher ist es zweckmäßig, zu überprüfen, ob mit dem Mittelwert zu rechnen ist, oder ob ein anderer Exponent in diesem Fall anzuwenden ist.

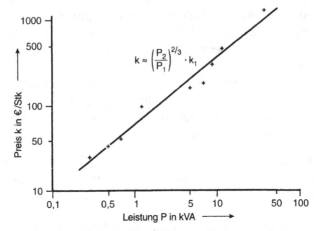

Abb. 21. Preise (k) und Leistungen (P) von Siliziumgleichrichtern

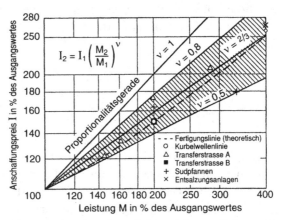

Abb. 22. Anschaffungspreise (I) und Produktionsleistung (M) von Maschinen und Anlagen

Beispiel zu 3.1.3 a: α: Stufung und retrograde Kostenrechnung für die Getriebereihe

Von der in Beispiel 3.1.1 (Seite 31) beschriebene Getriebereihe wurde die mittlere Größe (22,5 kW) technologisch (mit Stückliste und Arbeitsplänen) kalkuliert. Die Getriebereihe soll nun den Bereich von 10 kW bis 50 kW abdecken mit einem Leistungsstufensprung Π von

$$\Pi = \frac{P_i}{P_{i+1}} = \sqrt[n]{10} = R\,n \approx 1{,}58\,.$$

(Der Wert Π liegt optimal zwischen 1,711 und 1,379, wie später in Abschn. 3.3.5 ermittelt wird.)

Annahme für hier: $\Pi = 1{,}58$

Die Anzahl n der Stufen ergibt sich nach der Beziehung

$$\frac{P_n}{P_0} = \frac{50\ \text{kW}}{10\ \text{kW}} \quad \text{und}$$

$$P_n = \Pi^n \cdot P_0$$

$$n = \frac{\log(P_n/P_0)}{\log \Pi}\,.$$

Mit diesen Zahlenwerten ergibt sich die Anzahl der Leistungsstufen

$$n = \frac{\log 5}{\log 1{,}58} = 3{,}51 \qquad \Rightarrow 4\ (\,5\ \text{Getriebe bilden 4 Stufen!})$$

Die Stufung der 5 Getriebe ist in der untenstehenden Tabelle eingetragen.

Benennung	Einheit	Varianten				
		1	2	3	4	5
Leistung P	kW	10	15	22,5	33,8	50,6
Herstellkosten	€	206	270	**354**	464	608
Rüstkosten	€	36	19	**20**	21	45
HK1′	€	242	289	374	485	653

Ausgehend von den bekannten Kosten der mittleren Variante führen die Kosten der anderen Varianten nach der Gleichung

$$k_2 = \left(\frac{P_2}{P_1}\right)^{2/3} k_1$$

zu den in der Tabelle kursiv eingetragenen Werten. Die Rüstzeiten sind aus Aufgabe 3.1.1 übertragen.

Die HK 1' (samt den Rüstkosten) weichen nur geringfügig von den Kosten ab, die mit den Wachstumsgleichungen für die gleiche Getriebereihe errechnet wurden.

Beispiel zu 3.1.3 a: β: Degressionsexponent bei speziellen Anlagen

Der Investitionsbetrag I für Produktionsanlagen kann bei verschiedenartigen Anlagen (Chemie, Bauwesen, Maschinenbau usw.) unterschiedlich stark mit der Leistung P beziehungsweise M ansteigen. Daher ist es zweckmäßig, nicht immer den Durchschnittswert der Steigung von etwa 2/3 im logarithmischen Diagramm einzusetzen, sondern den Steigungsexponenten für die speziellen Anlagen zu suchen. Dies soll in der nächsten Aufgabe geschehen:

Von einer chemischen Anlage wurden bisher zwei Ausführungen gebaut mit folgenden aktualisierten Daten:

Leistung

$$P_1 = 10 \frac{t}{Atg} \quad \text{mit} \quad I_1 = 3{,}0 \text{ Mio } €$$

und

$$P_2 = 30 \frac{t}{Atg} \quad \text{mit} \quad I_2 = 5{,}0 \text{ Mio } €.$$

Eine neue Anlage mit

$$P_3 = 50 \frac{t}{Atg} \quad \text{soll konzipiert werden.}$$

Wie hoch ist der zulässige Investitionsbetrag, wenn die Kostendegression auch weiterhin gültig erscheint?

Die Grundgleichung für Investitionsbeträge in Abhängigkeit von der Produktionsleistung M lautet

$$I_2 = \left(\frac{M_2}{M_1} \right)^v \times I_1 \,.$$

Da die Investitions- und Leistungswerte von 2 Anlagen bekannt sind, lässt sich der Wachstumsexponent n errechnen und für eine dritte Anlage der Investitionsbetrag interpolieren oder extrapolieren.

Die Zahlen der beiden bekannten Anlagen führen zu folgendem Ansatz:

$$\left(\frac{I_2}{I_1}\right) = \left(\frac{M_2}{M_1}\right)^v$$

$$v = \frac{\log (I_2/I_1)}{\log (M_2/M_1)} = \frac{\log (5/3)}{\log (30/10)} = 0,465.$$

Für die neue Anlage ergibt dies:

$$I_3 = \left(\frac{M_3}{M_2}\right)^{0,465} \times I_2 = \left(\frac{50}{30}\right)^{0,465} \times 5 \text{ Mio } € = 1,268 \times 5 \text{ Mio } €$$

$$I_3 = 6,341 \text{ Mio } €.$$

Für diesen Wert muss jedoch noch überprüft werden, ob die Extrapolation gerechtfertigt ist. Dies setzt nämlich voraus, dass zwischen den einzelnen Anlagen kein wesentlicher Verfahrensunterschied besteht, der eventuell eine Unstetigkeit bei der Kostenentwicklung bringen könnte.

b) Fertigungskostendegression bei jeweils angepasster Kapazität

Untersuchungen an einer Großzahl von Objekten haben gezeigt, dass die Fertigungskosten sehr stark abfallen mit zunehmender Produktionsleistung der Fertigungsanlagen. Diese Kostendegression ist weitgehend unabhängig von der Produktart. Sie bewegt sich jedoch in einem sehr engen Rahmen um einen Mittelwert.

Sind $M_{1/2}$ die Produktionsleistungen von Industrieanlagen (in Mengenausstoß je Zeiteinheit), dann gilt für die optimal erreichbaren Fertigungskosten $k_{f1/2}$ die Beziehung:

$$k_{f2} = k_{f1} \left(\frac{M_2}{M_1}\right)^\mu.$$

Mit $\mu = 0,322$ bedeutet das 20 % Fertigungskostendegression bei jeder Verdoppelung der Produktionsleistung (Abb. 23).

Wichtig ist, hier zu beachten:

- Es handelt sich bei dieser Kostendegression nicht um die bekannte Auslastungsdegression, die im nächsten Kapitel besprochen werden soll.
- Die Kurve zeigt nur die Fertigungskosten also die Fertigungslöhne und Fertigungsgemeinkosten. Nicht enthalten sind die Materialkosten, für

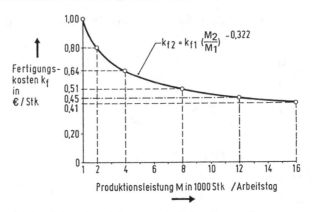

Abb. 23. Produktionsleistung und Kosten technischer Erzeugnisse

die mit zunehmendem Bedarf zwar auch eine Kostendegression zu erwarten ist. Diese liegt jedoch wesentlich niedriger, wenn das Material nicht individuell gefertigt wird, sondern einem allgemeinen Fertigungsprogramm entstammt, wie Normteile o. ä.

- Die Kostendegression geht gegen 0, wenn Mehrleistungen nicht mehr durch größere Anlagen, bessere Technologien oder bessere Organisationen usw. zu erreichen sind, sondern durch Vervielfachung der Anlagen wie z. B. bei Spinnereien, Webereien usw., wo 100 und mehr gleiche Maschinen parallel arbeiten.

In manchen Fällen schlägt die Fertigungskostendegression so stark durch, dass die gesamten Herstellkosten einen steilen Abfall aufweisen, wie dies Maxcy und Silverston für die Fahrzeugproduktion nachgewiesen haben (vergl. Abb. 24). Dort ist deutlich der starke Abfall der relativen Herstellkosten im Bereich der Kleinserienfertigung (wie z.B. Porsche mit ca. 20 000 Fahrzeugen/a eines Types) zu erkennen, und der Rückgang der Degression ab ca. 200 000 Fahrzeugen/a. In dem halblogarithmischen Diagramm flacht die Degressionkurve immer stärker ab, bis sie bei 400 000 Stk/a fast in eine Waagrechte übergeht. (Dies sind Stückzahlen, wie sie etwa bei VW-Typen erscheinen).

Die technologische Grenze liegt also in der Nähe des Minutentakts im Zweischichtbetrieb (1 Jahr ≙ 200 Abeitstage à 2 × 500 min pro Arbeitstag).

Nach der starken Kostendegresion bei Kleinserienfertigung ist etwa zu folgern: Ein Porsche in VW-Stückzahlen gefertigt und verkäuflich, könnte

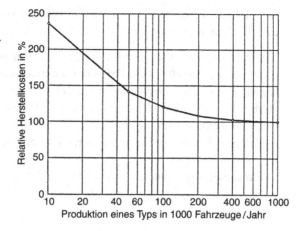

Abb. 24. Kostendegression bei der Fahrzeugproduktion (nach Maxcy and Silverston [10])

zum halben Preis geboten werden, und ein Golf, in Porsche-Stückzahlen gefertigt, müsste etwa doppelt so teuer sein, wie er heute ist.

Die Grenzen für die Gültigkeit der Fertigungskostendegression sind für verschiedene Technologien in Abb. 25 aufgezeigt.

Technologischer Vorgang	Derzeitige Taktzeit bei minimalen Kosten min/Takt	Produktionsleistung beim relativen Optimum	
		TStk/Atg	MioStk/a
Urformen			
Großteile	2 – 1	0,5 – 1,0	0,12 – 0,24
Mittlere Teile	1 – 2	1,0 – 2,0	0,24 – 0,48
Umformen			
Großteile	0,2 – 0,5	5 – 20	1,2 – 4,8
Mittlere Teile	0,1 – 0,01	100 – 100	2,4 – 24,0
Spanen			
Großteile	1,2 – 0,8	0,8 – 1,3	0,20 – 0,30
Mittlere Teile	0,8 – 0,4	1,2 – 2,5	0,30 – 0,60
Fügen (Montieren)			
Aggregate von Hand	2 – 1	0,5 – 1,0	0,12 – 0,24
Endmontage von Hand	4 – 1	0,2 – 1,0	0,06 – 0,24
Automatisierte Montage	1 – 0,3	1,0 – 3,3	0,24 – 0,80

Abb. 25. Grenzen der Fertigungskostendegression mit Leistungszunahme

Beispiel zu 3.1.3 b: Degression der Fertigungskosten und der Materialkosten

Eine Nähmaschinenfabrik produziert 400 Nähmaschinen/Atg in rationeller Weise für 100 €/Stk Fertigungskosten und 100 €/Stk Materialkosten, die je Verdoppelung der Materialbedarfsmenge um 5% reduziert werden können. Ein Konkurrent stellt 1000 Stk/Atg einer ähnlichen Maschine her.

Welchen Kostenvorteil hat dieser, wenn er seine Chancen voll ausnutzt?

Für die Fertigungskostendegression ist die bekannte Gleichung:

$$k_{f2} = \left(\frac{M_2}{M_1}\right)^{-0,322} \times k_{f1}$$

anzusetzen, und die Materialkosten haben einen Degressionexponenten v, der sich ergibt aus der Beziehung

$$k_{m2} = \left(\frac{M_2}{M_1}\right)^{-v} \times k_{m1}$$

$$v = \frac{\log 0,95}{\log 2,00} = 0,074.$$

Für die Herstellkosten des Wettbewerbers gilt dann:

$$k_{hw} = \left(\frac{1000}{400}\right)^{-0,322} \times 100 \text{ €/Stk} + \left(\frac{1000}{400}\right)^{-0,074} \times 100 \text{ €/Stk}$$

$$= 167,89 \text{ €/Stk} = 84\% \text{ der eigenen Herstellkosten.}$$

Die 16% Kostenvorteile des Wettbewerbers müssen entsprechende Aktionen auslösen!

c) Fertigungskostendegression durch Auslastungserhöhung bei Anlagen konstanter Kapazität

Die bekannteste Kostengesetzmäßigkeit ist die der Abhängigkeit der Kosten von der Auslastung bei Betrieben mit konstanter Kapazität.

In erster Näherung besteht für mittel- und langfristige Betrachtungen im Hinblick auf die Auslastung für die Fertigungskosten k_{fa} (€/Stk) die Beziehung (vergl. Abb. 26 und Abb. 27):

$$k_{fa} = k_{var} + k_{fix,100} \frac{a_{100}}{a}$$

mit

k_{var} = variable Fertigungskosten in €/Stk und

$k_{fix, 100}$ = fixe Fertigungskosten bei Vollauslastung (100 %) in €/Stk, sowie

a = Auslastung in % zur Vollauslastung (a_{100} = 100% Auslastung).

Also, je höher die Auslastung a, desto niedriger sind die Fertigungskosten je Stück bzw. je Produktionseinheit. Die Auslastungsdegression ist eine der wirkungsvollsten Komponenten für die Kostenbeeinflussung.

Da für jede zusätzliche Produktionseinheit nur die Grenzkosten zusätzlich anfallen und diese bis zur Vollauslastung nur etwa den variablen bzw. proportionalen Kosten entsprechen, scheinen Maßnahmen, um gute bzw. volle Auslastung zu sichern, äußerst interessant, selbst dann, wenn zusätzlich abzusetzende Produkte keine volle Kostendeckung einbringen. Mehr als oder mindestens die Grenzkosten (also einen Deckungsbeitrag ≥ 0) sollten solche Aufträge jedoch stets ergeben, sonst werden Vermögenswerte verzehrt.

Abb. 26. Kosten je Zeiteinheit (€/Mo) in Abhängigkeit von der Auslastung

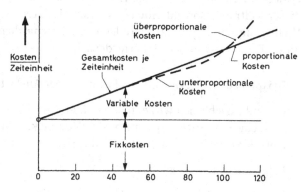

Abb. 27. Kosten je Produktionseinheit (€/Stk) in Abhängigkeit von der Auslastung

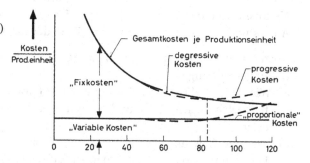

Das Denken in Grenzkosten und Deckungsbeiträgen ist für kurzfristige Überlegungen, also auslastungs- und beschäftigungspolitisch, interessant. Langfristig muss jedoch angestrebt werden, dass von allen Aufträgen zusammen und von den meisten Aufträgen individuell eine Vollkostendeckung erreicht wird.

Hierzu ist erforderlich definitionsgemäß der Kostenermittlung die „normale" Auslastung zugrunde zu legen. Aber was ist diese „normale" Auslastung? Legt man die jeweilige Ist-Auslastung der Rechnung zugrunde, dann werden in schlechten Jahren die Fixkosten auf wenige Stunden umgelegt, wodurch die Gemeinkostensätze bzw. die „Stundensätze" sehr hoch erscheinen, was dazu führt, dass oftmals die wenigen Aufträge, die sich bieten, „hinauskalkuliert" werden. Umgekehrt erscheinen die Kostensätze in Jahren guter Auslastung sehr niedrig, so dass Gefahr besteht, dass man zu viele Aufträge „hereinkalkuliert" und noch mehr Terminschwierigkeiten entstehen.

Aus diesem Grunde muss der „Normalauslastung" eine Periode von etwa 5 Jahren (ab heute in die Zukunft!) zugrunde gelegt werden, wobei dieser Zeitraum sowohl Hoch- wie auch Tiefzeiten beinhalten soll. Die Verfolgung der Liquidität, parallel zur Wirtschaftlichkeit ist jedoch bei dieser Denkweise unbedingt erforderlich.

Beispiel zu 3.1.2 c: Gewinn als Funktion der Auslastung

Ein Industriebetrieb wirke in einem Markt mit ziemlich stabilen Preisen und seine Kostenstruktur sei sehr stabil (damit kann mit dem linearen Modell der Kostenaufteilung in fixe und variable Anteile gerechnet werden.

Folgende Daten liegen vor:

Umsatz im 1. Jahr	U_1	= 100 Mio €
Fixkosten	K_{fix1}	= 30 Mio €
Nettogewinn (vor Steuer)	G_1	= 7,5 Mio €
Auslastung	A_1	= 75 % der Vollauslastung.

Kostensteigerungen lassen sich weitgehend durch Absatz-Preiserhöhungen auffangen.
a) Wie sieht das Breakeven-Diagramm aus? (Grafische Darstellung.)
b) Bei welcher Auslastung und bei welchem Umsatz liegt der Breakeven point?
c) Welcher Gewinn wäre zu erwarten, wenn, unter sonst gleichen Bedingungen, das Unternehmen zu 100 % ausgelastet wäre?

Zu a)

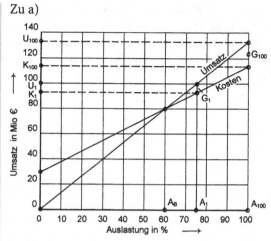

Zu b)

Aus dem Diagramm ergibt sich folgende Beziehung:

$$G_1 : K_{fl} = (A_1 - A_B) : A_B$$

$$A_B = \frac{A_1}{\dfrac{G_1}{k_{fl}} + 1} = \frac{75\%}{\dfrac{7,5}{30} + 1}$$

$$A_B = 60\%$$

Der Break even Point A_B liegt bei 60 % Auslastung d.h. bei einem Umsatz von $(60/75) \cdot 100$ Mio € = 80 Mio €.

Zu c)

Bei 100 % Auslastung ergibt sich ein Gewinn nach der Gleichung:

$$G_{100} : G_1 = (A_{100} - A_B) : (A_1 - A_B)$$

$$G_{100} \quad \frac{A_{100} - A_B}{A_1 - A_B} \, G_1 = \frac{100 - 60}{75 - 60} \cdot 7,5 \text{ Mio €} = 20 \text{ Mio €}$$

Bei Vollauslastung würde der Gewinn 20 Mio €, fast das Dreifache, betragen!

3.1.4
Toleranzgesetze

Beim Schätzen und Vergleichen zum Ermitteln von Kosten sind Toleranzunterschiede bei den Vergleichsobjekten eine wichtige Einflussgröße.

Bei Lagern, Passungen, vorgeschriebenen Oberflächegüten oder allgemein dort, wo enge Toleranzen gefordert werden, lässt sich das „allgemeine Toleranzgesetz" feststellen, das besagt, dass sich die Toleranzen $t_{1/2}$ (= zulässige Maßabweichungen) auf die Fertigungskosten quantifiziert in folgendem Maße auswirken:

$$k_{f2} = k_{f1}\left(\frac{t_1}{t_2}\right)^{\tau}$$

mit $0 \leq \tau \leq 1{,}0$
         ↓   ↓
weit außer-   ab der
halb der   Verfahrens-
Verfahrens-   toleranz-
toleranz-   grenze
grenze

Außerhalb der Toleranzgrenzen der Fertigungsverfahren ist das Einhalten von Toleranzen nur eine Frage des Betriebscharakters und der Arbeitsmoral und nicht der Kosten.

Ab der Toleranzgrenze der Verfahren bedeutet Einengung der Toleranz auf die Hälfte eine Verdoppelung der Kosten für die toleranzbestimmenden Arbeitsvorgänge.

Bei Paarungen von Wellen und Bohrungen sind enge Wellentoleranzen um fast eine Zehnerpotenz billiger herzustellen als entsprechende

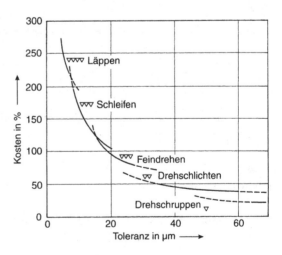

Abb. 28. Kosten für das Bearbeiten von Außendurchmessern in Abhängigkeit von der Toleranz

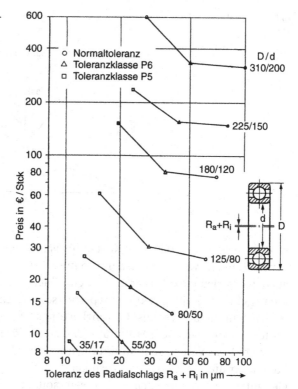

Abb. 29. Preise von Kugellagern in Abhängigkeit von der Toleranz

Bohrungstoleranzen. Daher ist es auch üblich, dass bei den Paarungen die Bohrungen jeweils 2 bis 3 IT-Toleranzstufen grober vermaßt werden als die zugehörigen Wellendurchmesser. Jede IT-Stufe der Genauigkeit bringt für den toleranzbestimmenden Arbeitsvorgang bei Wellen ca. 20% bei Bohrungen ca. 30% Mehrkosten, wenn dadurch Verfahrensänderungen bedingt sind.

Im Rahmen der Toleranzbetrachtungen sind auch die Fragen der Qualität allgemein anzugehen. Zero-Defects, 0-Fehler-Programm und ähnliche Aktionen, die darauf hinzielen, die Fehlerrate, den Ausschuss und die Nacharbeit zu reduzieren, benennen das Ideal als Ziel. Kein Fehler, 100% Genauigkeit, Toleranz 0 sind zwar Visionen, jedoch keine realen oder gar wirtschaftlichen Ziele. Fehler verursachen Kosten: Je mehr Fehler, um so höhere Kosten für Garantieleistungen und sonstige Gewährleistungskosten, wobei der Vertrauensverlust meistens ein Vielfaches dieser direkten Fehlerkosten ausmacht. Keine Fehler verursachen aber auch Kosten: Je

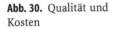

Abb. 30. Qualität und Kosten

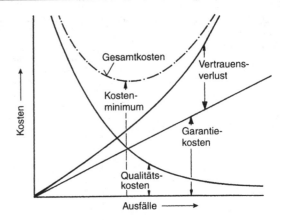

weniger Fehler, um so höhere Kosten für Fehlerververhütung und Fehlervermeidung. Je weniger Fehler, um so mehr muss aufgewandt werden, um auch den vorletzten oder gar den letzten Fehler zu verhindern. Die Kostenkurve geht hier steil – praktisch hyperbolisch – nach oben (Abb. 30).

Die Summenkurve aus Gewährleistungs- und Fehlervermeidungskosten hat vor „Zero" ein Minimum. Und ein seriöses Unternehmen strebt an, leicht links von diesem Minimum, mit seiner Fehlerquote zu liegen. Je komplexer die Produkte, desto geringer darf die Ausfallrate sein, wenn das Gesamterzeugnis zufriedenstellend sein soll, und (fast) 0-Fehler werden verlangt bei Lebensgefahr!

Beispiel zu 3.1.4: Kosten enger Toleranzen

Wie verändern sich die Kosten für die Herstellung eng tolerierter Wellen und eng tolerierter Bohrungen für folgenden Auftrag:

Welle und Bohrung bearbeiten
Ausgangsmaterial St C45   (roh)
Länge   L = 50 mm
Durchmesser   D = 50 mm
Losgröße: n = 100 Stk

Die Fertigung erfolgt bei der
Welle auf NC-Drehmaschine   mit Platzkosten von 2,65 €/min
sowie zum Teil
auf Einstech-Schleifmaschine   mit Platzkosten von 1,65 €/min
und bei der Bohrung auf BAZ   mit Platzkosten von 2,65 €/min.

Folgende Kosten für den toleranzbestimmenden Arbeitsvorgang ergeben sich dabei:

Kosten in €/Los für die „Feinarbeit" an 100 Wellen bzw. Bohrungen

Toleranz		∇	h (H) 11	h (H) 9	h (H) 7
$\to \mu m$		300	160	60	25
Welle	€/Stk	50	56	57	58
Bohrung	€/Stk	344	583	768	954

Die engen Bohrungstoleranzen sind deutlich teurer als die Wellentoleranzen.

Auch lässt sich zeigen, dass die Preise von Kugellagern, Widerständen, Kondensatoren oder ähnlicher Präzisionsteile sehr stark, ja häufig direkt umgekehrt proportional zur Toleranzforderung verlaufen, wie Abb. 29 zeigt.

Diese Kostentendenzen und -gesetzmäßigkeiten können für komplexe und umfangreiche Struktur- und Planungsüberlegungen recht gut eingesetzt werden. Sie gelten für die Großzahl, während im Einzelfall verschiedentlich wesentliche Abweichungen oder Sprünge im Verlauf zu beobachten sind.

3.1.5
Sonstige Kostenfunktionen

Zahlreiche weitere Kostengrößen und Vertriebs- bzw. Absatzvorteile wie Vereinheitlichung, Auftragsgröße, Selbstwerbung und dergleichen bewirken, neben der starken Kapitalkraft, dass Großunternehmen gegenüber kleineren Konkurrenten wirtschaftliche Überlegenheit erwarten können. Weiterhin ergeben sich für multinationale Unternehmen Wettbewerbsvorteile durch Gewinnverlagerungen.

Ein Beispiel für die Auswirkungen der Kostendegressionen zeigen die Gewinnzahlen der US-Automobilhersteller. Deutlich ist das Wachsen der Gewinnchancen mit der Unternehmensgröße bzw. Produktionsleistung zu erkennen.

58   3 Verfahren der Kostenermittlung, ihre Voraussetzungen und Grenzen

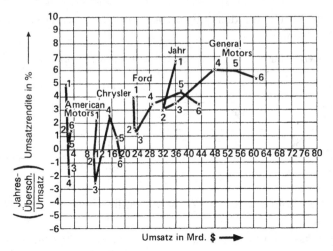

Abb. 31. Korrelation zwischen Umsatz und Umsatzrendite bei den Pkw-Herstellern der USA in der Sättigungsphase

Kesselring hat diesen Zusammenhang in VDI R 2225 in der Gleichung für die Gewinnchance G dargestellt:

$$G = 4{,}2 \left(\frac{M}{M_o} \right)^{1/3} \% \text{ des Umsatzes}$$

mit M = Produktionsleistung in Stk/a
und M_o = 10^6 Stk/a, die Grenze der „Leistungdegression".

Diese Gleichung berücksichtigt nicht, dass ganz kleine Leistungen bei gleichem Preis nur mit Verlust zu erbringen sind. Die Gleichung muss daher in die Form abgewandelt werden:

$$G = -a + b \left(\frac{M}{M_o} \right)^{1/3}$$

wobei a und b als Festwerte nach Erfahrungswerten zu ermitteln sind.

Legt man in Abb. 31 bei den 3 größeren amerikanischen Automobilherstellern eine Kurve durch die Umsatzmittelwerte der 6 Vergleichsjahre, dann schneidet diese bei etwa 14 Mrd. $ Umsatz die 0-Linie und steigt danach unterproportional zum Umsatz an. Es gibt damit deutlich eine untere Grenze der Produktionsleistung unterhalb derer langfristig kein Überleben möglich ist, sofern nicht aus politischen Gründen ein Unternehmen gehalten „wird". (American Motors kann, wegen seines spezifischen Fahrzeugprogramms nicht in die Betrachtung einbezogen werden!)

Bei der Kostenrechnung und Kostenbeurteilung ist damit die Einschätzung der relativen Unternehmensgröße von wesentlicher Bedeutung – denn, was ein Großer kann, muss einem Kleinen noch lange nicht möglich sein!

3.1.6
Prinzipwechsel ermöglicht Kostensprünge

Das Schätzen von Kosten wird dann zum Problem, wenn technische oder technologische Alternativen zu vergleichen sind. Große Entwicklungssprünge, verbunden mit erheblichen Kostensenkungen, werden meisten durch „Prinzipwechsel" ausgelöst. Wenn ein neues Konzept gefunden wird, wenn neue physikalisch-technische Wege beschritten werden, wenn neue Technologien entwickelt und auf großer Breite eingesetzt werden, dann ist ein solcher Rationalisierungssprung zu erwarten.

Bei neuen Produkten brachte der Übergang vom mechanischen Antrieb zum elektrischen, von Schwachstromsteuerungen auf elektronische Steuerungen, von Röhren über Transistoren zu integrierten Schaltkreisen usw. jeweils einen Entwicklungssprung, der durch bessere Technologie oder wirtschaftlicheren Betriebsmitteleinsatz bei alter Technik nicht einzuholen wäre (Quantensprung).

Damit rangiert das „Prinzipsuchen", das Ausbrechen aus konventionellen Lösungen an erster Stelle allen Suchens nach kostengünstigen Konstruktionen. Das „Inzweifelziehen" der Aufgabenstellung, das „Denken in Alternativen" bereits beim Pflichtenheft, bei Grundsatzüberlegungen, beim Lösungsprinzip, bei der Technologie, das sind alles Ansatzpunkte der Produktrationalisierung, die ausgereizt sein müssen, bevor die Entwurfsarbeit beginnt, und damit die Kalkulation ihre Basis erhält.

Bei technisch unterschiedlichen Lösungen müssen Kostenvergleiche ins Detail gehen, da technische Verbesserungen nicht unbedingt Verteuerungen bedeuten, wie der Übergang von der Zweigelenk-Pendelachse zur Eingelenk-Pendelachse von Abb. 32 zeigt. Auch Sicherheits- oder Genauigkeitsverbesserungen lassen sich oftmals mit technischen Neuerungen bei sinkenden Kosten erreichen, wie der Übergang von „Unruh-" zu „Quarz-Taktgebern" bei Uhren zeigt oder Drehstromlichtmaschinen, elektronische Zündungen sowie schlauchlose Reifen bei Fahrzeugen.

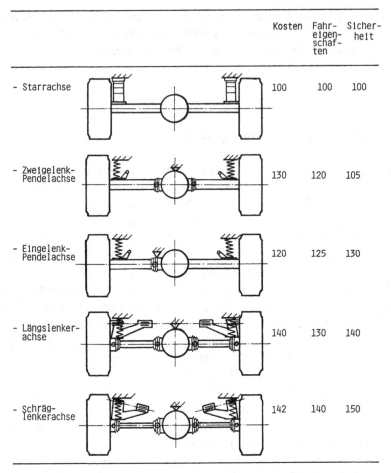

	Kosten	Fahreigenschaften	Sicherheit
- Starrachse	100	100	100
- Zweigelenk-Pendelachse	130	120	105
- Eingelenk-Pendelachse	120	125	130
- Längslenkerachse	140	130	140
- Schräglenkerachse	142	140	150

Abb. 32. Unterschiedliche Lösungsprinzipien mit Kosten, Fahreigenschaften und Sicherheit

Beispiel zu 3.1.6: Prinzipwechsel zur Produktverbesserung

Im Bereich des Automobilbaus dienten u. a. nachfolgend aufgeführte Prinzipwechsel den dargestellten Zielsetzungen.

Ziel	Prinzipwechsel im Automobilbau
Leistungssteigerung *	Drehzahlsteigerung, Volumenvergrößerung, Brennraumoptimierung, 2. Nockenwelle, 4 Ventile/Zylinder
Gewichtseinsparung	Aluminium für Kurbelgehäuse, Zylinderkopf und Kühler, Dünnwandiger Guss, Leichtbauweise
Verbrauchsreduzierung	Brennkammergestaltung, Hochverdichtung, Mehrstufenvergaser, Dieselprinzip
Kostensenkung	Wechselstrom-Lichtmaschine, Sparbau, Materialsubstitution, Integralbauweise. Selbsttragende Karosserie

* Zur Erhöhung der Beschleunigung kann an Stelle einer Leistungserhöhung auch eine Gewichtsreduzierung vorgenommen werden. Auch in allen anderen Branchen sind ähnliche Prinzipwechsel aufzufinden und in voller Breite einzusetzen.

3.1.7
Berücksichtigung von Sondereinzelkosten der Fertigung

Werden für die Fertigung zu kalkulierender Produkte individuelle Betriebsmittel (Sonder-Betriebsmittel) benötigt, müssen deren Kosten in Form von „Sondereinzelkosten der Fertigung" den Fertigungskosten 1 zugeschlagen werden. Die Umlage erfolgt

- bei reiner Einzelfertigung direkt auf den Auftrag,
- bei kurzfristiger Serienfertigung anteilig auf die erwartete Stückzahl und

- bei langlaufenden Serien oder Massen mit Hilfe des ermittelten Kapitaldienstes, das sind Abschreibungen und Zinsen für Sonderwerkzeuge, Sondermaschinen usw.

Am Beispiel einer Investition für eine Sondermaschine werden verschiedene Arten zur Ermittlung des Kapitaldienstes erklärt:

Beispiel zu 3.1.7: Sondereinzelkosten der Fertigung für langlebige Investitionen

Bei langlebenden Investitionen, die ganz bestimmten Produkten anzulasten sind, darf nicht nur der Investitionsbetrag I, sondern es müssen ebenfalls die Zinsen aus der Investition umgelegt werden. Für eine Sondermaschine, die etwa 10 Jahre genutzt werden kann, wird die Ermittlung des Kapitaldienstes erklärt: Folgende Werte sind gegeben.

Beispiel:

Kapitaldienst für Maschine

Investitionsbetrag	I	=	100 T€
Restwert	L	=	0 T€
Nutzungsdauer	n	=	10 Jahre (a)
Zinssatz	i	=	10 %/a

1. Abschreibungen A bzw. Tilgung des Kapitals:

$$A = \frac{I}{n} = \frac{100\ T€}{10\ a} = 10\ T€/a$$

oder 10 % p.a. = 0,10/a = Abschreibungssatz für n = 10 Jahre.

Der Tilgungsfaktor ist damit $á = \frac{1}{n} = 10\%/a = 0,10$ p.a.

2. Verzinsung Z des gebundenen Kapitals
   (bei stetiger Verzinsung, ohne Zinseszins):

$$Z = \frac{I}{2} \times i = \frac{100\ T€}{2}\,0,10\ p.a. = 5\ T€/a$$

oder $Z = I \times \frac{i}{2} = 100\ T€\ 0,05/a = 5\ T€/a$

Der Zinsfaktor ist damit $z = \frac{i}{2} = 0,05$ p.a.

3. Kapitaldienst KD = Tilgung und Zinsen
(bei stetiger Verzinsung, ohne Zinseszins)

$$KD = I \times \left(\frac{1}{n} + \frac{i}{2} \right) = 100 \ T€ \ 0,15/a$$
$$KD = \ 15 \ T€/a$$

4. Kapitaldienst mit Kapitalwiedergewinnungsfaktor κ
(bei nachschüssiger Verzinsung mit Zins und Zinseszinsen)

$$KD = I \times \kappa$$

Kapitalwieder-
gewinnungsfaktor $\kappa = \dfrac{i \, (1 + i)^n}{(1 + i)^n - 1}$, ($\kappa \rightarrow$ sprich Kappa)

Der Kapitalwiedergewinnungsfaktor $\kappa_{10a,10\%} = 0,16275/a$
(siehe κ-Tabelle!)

$$KD = 100\,000 \ € \times 0,16275/a = 16\,275 \ €/a \, .$$

Zur Belastung der Erzeugnisse mit Sondereinzelkosten der Fertigung muss dieser Kapitaldienst noch auf die jährliche Produktionsmenge umgelegt werden, dann sind die Kosten weitgehend verursachungsgerecht verteilt.

3.1.8
Verfahrensvergleiche

Im Rahmen der Vorkalkulationen muss oftmals entschieden werden, nach welchen Fertigungsverfahren bestimmte Werkstücke zu fertigen sind oder ob die Werkstücke gar auswärts zu beschaffen sind. Wirtschaftlichkeitsrechnungen und Verfahrensvergleiche sind hierbei einzusetzen.

Für die Herstellung von Werkstücken gibt es meist verschiedene Verfahren: Soll eine Fläche gehobelt, gefräst oder schrupp-geschliffen werden? Sofern Stabilität, Oberflächengüte und Toleranzen ausreichen, kann das Verfahren frei gewählt werden.

Zur Auswahl des optimalen Fertigungsverfahrens dient der Verfahrensvergleich, mit dem festgestellt wird, welches Fertigungsverfahren die Funktionsforderungen mit den niedrigsten Kosten erfüllt.

Für die Überprüfung sind drei Situationen zu unterscheiden:

3.1.8.1
alt – alt

Für zwei vergleichbare Verfahren sind innerhalb des Planungszeitraums Betriebsmittel (= Maschinen, Vorrichtungen, Werkzeuge usw.) mit freier Kapazität vorhanden.

Unabhängig vom Platzkostensatz sind die Betriebsmittel mit den niedrigsten Grenzkosten k_{gr} bis zur Vollauslastung einzusetzen.

Entscheidung für Verfahren 2, wenn:

$k_{gr2} < k_{gr1}$ ohne Rücksicht auf die Fixkosten k_{fix}.

Beispiel zu 3.1.8.1: Verfahrensvergleich bei freier Kapazität

Für die Ausführung eines Auftrags stehen zwei Anlagen zur Verfügung. Beide Anlagen haben freie Kapazität, sind anderweitig nicht einzusetzen und Personal ist frei verfügbar.

Auf welcher Anlage ist zu fertigen, wenn die nachfolgend benannten Werte vorliegen?

Benennung	Zeichen	Einheit	Numerisch gesteuerte Maschine	Hand- gesteuerte Maschine
Volle Platzkosten	K_p	€/h	200	100
Variable Platzkosten	K_{pv}	€/h	70	60
Auftragszeit	T	h	100	150

Auftragskosten K_a

Vollkosten : K_{a1} = 100 h × 200 €/h = 20 000 €
: K_{a2} = 150 h × 100 €/h = 15 000 €
Grenzkosten : K_{gr1} = 100 h × 70 €/h = 7 000 €
: K_{gr2} = 150 h × 60 €/h = 9 000 €

Da nur über die Grenzkosten zu entscheiden ist, ist es zweckmäßiger, auf der NC-Maschine (Maschine 1) zu arbeiten, obgleich formal in der Vollkostenrechnung 5000 € mehr für diese Bearbeitung verrechnet wird. Am Jahresende wird sich zeigen, dass 2000 € weniger Kosten angefallen sind, wenn die NC-Maschine für diesen Auftrag eingesetzt war und nicht 5000 € mehr, wie es hier die Vollkostenrechnung ausweist.

Zur Entscheidung, auf welcher Maschine zu fertigen ist, muss eindeutig die Grenzkostenrechnung dienen. Die Preisgestaltung und Beurteilung muss zwar auch auf den Grenzkosten basieren. Jedoch wird stets noch überprüft, inwieweit die gesamten Kosten, also die Vollkosten auch bei einem einzelnen Auftrag oder Produkt gedeckt sind. Unterdeckung muss zwar nicht immer vermieden werden, jedoch stets bekannt sein, damit rechtzeitig gegengesteuert werden kann.

3.1.8.2
alt – neu (Rationalisierungsinvestitionen)

1. Allgemein

Beim Vergleich zwischen einem Verfahren, für das Betriebsmittel vorhanden sind und einem Verfahren, für das Betriebsmittel zum Investitionsbetrag I_2 für die Produktionsleistung von n Stk/a zu beschaffen sind, ist für das neue Verfahren zu entscheiden, wenn,

– unter Vernachlässigung von Zinsen:

$$k_{gr2} + \frac{I_2}{n} < k_{gr1} \text{ mit } n = \text{Gesamte Produktionsmenge (Stückzahl) oder,}$$

– unter Einbeziehung von Zinsen

$$k_{gr2} + \frac{I_2 \times \kappa}{M} < k_{gr1} \text{ mit } M = \text{Produktionsmenge je Jahr (Stk/a)}$$

und $\dfrac{I_2 \times \kappa}{M} = $ Kapitaldienst pro Stück

aus der Investition I_2 und κ, dem Kapitalwiedergewinnungsfaktor.

Beispiel zu 3.1.8.2: Grenzmenge für Riemenscheiben

Eine Riemenscheibe für einen Kompressor war als Gusskonstruktion eingeführt.

Das Gussrohteil wurde für $k_{m1} = 1,90$ €/Stk von auswärts beschafft,

und die Eigenbearbeitung verursachte $k_{fg1} = 3,30$ €/Stk Grenzkosten bzw. $k_{fv1} = 6,30$ €/Stk Vollkosten.

Eine Spezialfirma bot für $k_{var2} = 2,70$ €/Stk eine fertige Blechriemenscheibe gleicher Qualität an, für die jedoch ein Investitionsbetrag erforderlich war von $I_2 = 20\,000$ € Werkzeugkosten.

a) Wo liegen die beiden Grenzmengen?
b) Welche der beiden Grenzmengen ist entscheidungsrelevant?
c) Wie ändert sich die Grenzmenge M_{gr}, wenn von einer Bedarfsleistung M = 4000 Stk/a und einem Investitionszinssatz i = 15 % p.a. ausgegangen wird?

Jahr	1	2	3	4
Kapitalwiedergewinnungsfaktor	1,150	0,615	0,438	0,350

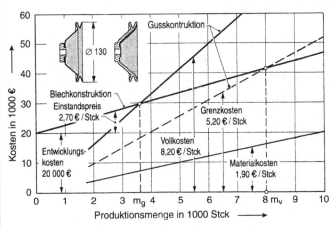

Abb. 33. Produktionsmenge und Kosten von Riemenscheiben

Lösung:

Graphisch:
Bei 0 und 10 000 Stück sind die Werte aus der Aufgabenstellung eingetragen.
Daraus ergeben sich zwei Grenzmengen.

Die Grenzmenge für den Vollkostenansatz liegt bei $M_{gr\,voll}$ = 3600 Stk
und
die Grenzmenge für den Grenzkostenansatz ist $M_{gr\,gr}$ = 8000 Stk,

jeweils ohne Zinsen. Die Interpretation der Ergebnisse erfolgt bei der nachfolgenden rechnerischen Lösung.

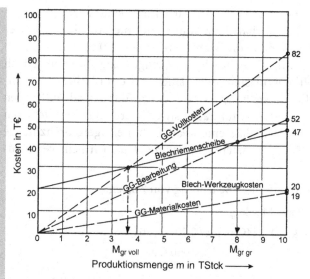

Rechnerisch:

Zu a) Unter Vernachlässigung der Zinsen für die Investition lässt sich die Ausgangsgleichung für die Kostengleichheit bei der Grenzmenge m_{gr} in der Form darstellen:

$$I_1 + M_{gr} k_{var1} = I_2 + M_{gr} k_{var2}$$

$$M_{gr} = \frac{I_2 - I_1}{k_{var1} - k_{var2}}$$

$$I_1 = 0 \text{ €}$$
$$I_2 = 20\,000 \text{ €}$$
$$k_{var1} = 8,20 \text{ € (Vollkosten)}$$
$$k_{var1} = 5,20 \text{ € (Grenzkosten)}$$
$$k_{var2} = 2,70 \text{ €.}$$

Vollkostenbetrachtung:

$$M'_{gr} = \frac{20\,000 \text{ €}}{(8,20 - 2,70) \text{ €/Stk}} = 3636 \text{ Stk.}$$

Grenzkostenbetrachtung:

$$M_{gr} = \frac{20\,000 \text{ €}}{(5,20 - 2,70) \text{ €/Stk}} = 8000 \text{ Stk.}$$

Die Grenzmengen errechnen sich zu $M'_{gr} = 3636$ Stk bzw. $M_{gr} = 8000$ Stk.

Zu b) Ist die bisher für die Eigenbearbeitung eingesetzte Maschine anderweitig nicht einsetzbar, dann können nur die Grenzkosten eingegeben werden. Es gilt dann die Grenzmenge von 8000 Stk.

Ist die bisher für die Eigenbearbeitung eingesetzte Maschine jedoch anderweitig voll auszulasten oder sind gar erforderliche Investitionen durch die Umstellung zu vermeiden, dann sind außer den Grenzkosten auch die Opportunitätskosten dieser Maßnahme der alten Fertigung anzulasten, so dass eine wesentlich niedrigere Grenzmenge erforderlich ist. Die Vollkostenrechnung zeigt jedoch kein verwendbares Ergebnis.

Zu c) Kostengleichheit unter Beachtung von Zinsen:

$$M \times k_{var1} = I_0 \times \kappa + M \times k_{var2}$$

$$\kappa = \frac{M (k_{var1} - k_{var2})}{I_0} = \frac{4000 \text{ Stk } (5{,}20 - 2{,}70) \text{ €/Stk}}{20\,000 \text{ € a}}$$

$$\kappa = 0{,}500/a.$$

Interpolation:

$$n = \left(2 + \frac{0{,}615 - 0{,}500}{0{,}615 - 0{,}438}\right) a$$

$$n = 2{,}65 \text{ a} \rightarrow 10\,600 \text{ Stk.}$$

Die Differenz zu 8000 Stk ist schon bemerkenswert.

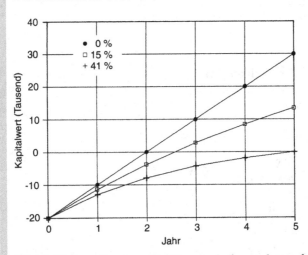

Abb. 34. Tilgungsdiagramm für Riemenscheibenwerkzeug für i = 0%, 15% und 41% p.a. Verzinsung

2. Rationalisierung durch Zeiteinsparungen

Sofern bei den Grenzkosten nur Lohn und Lohnnebenkosten verschieden sind, können Investitionsgrenzwerte I_{gr} errechnet werden, für die gilt:

$$I_{gr} = \frac{\Delta L\,(1 + f_n)}{\kappa}$$

mit

ΔL = Lohndifferenz zwischen alternativen Arbeitsvorgängen in €/a,
f_n = Lohnnebenkostenfaktor (ca. 0,80 bzw. 80 % von L),
κ = Kapitalwiedergewinnungsfaktor (Tabelle).

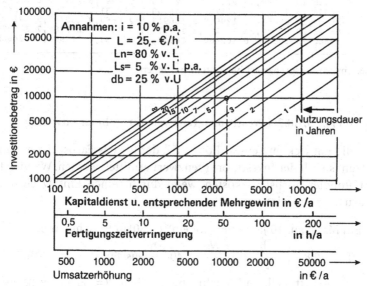

Abb. 35. Investitionsbetrag und Kapitaldienst, Fertigungszeitverringerung und Umsatzerhöhung

	Lohnsatz	= 25 €/h
	Zinssatz	= 15% p.a.
	Lohnnebenkostensatz	= 80% v. L
	Lohnsteigerungssatz	= 5% v. L

Zeit- einsparung in h/a	Nutzungsdauer in Jahren						
	2	3	5	7	10	15	20
100	7438,02	10658,06	16246,07	20864,19	26333,11	32598,42	36486,59
120	8925,62	12789,67	19495,28	25037,02	31599,73	39118,10	43783,90
140	10413,23	14921,28	22744,49	29209,86	36866,35	45637,78	51081,22
160	11900,83	17052,89	25993,71	33382,70	42132,97	52157,47	58378,54
180	13388,44	19184,50	29242,92	37555,54	47399,59	58677,15	65675,86
200	14876,04	21316,12	32492,14	41728,38	52666,22	65196,84	72973,18
250	18595,05	26645,15	40615,17	52160,47	65832,77	81496,05	91216,47
300	22314,06	31974,18	48738,21	62592,57	78999,33	97795,26	109459,7
350	26033,08	37303,21	56861,24	73024,66	92165,88	114094,4	127703,0
400	29752,09	42632,24	64984,28	83456,76	105332,4	130393,6	145946,3
450	33471,10	47961,27	73107,31	93888,85	118498,9	146692,8	164189,6
500	37190,11	53290,30	81230,35	104320,9	131665,5	162992,1	182432,9
600	44628,13	63948,36	97476,42	125185,1	157998,6	195590,5	218919,5
700	52066,16	74606,42	113722,4	146049,3	184331,7	228188,9	255406,1
800	59504,18	85264,48	129968,5	166913,5	210664,8	260787,3	291892,7
900	66942,20	95922,54	146214,6	187777,7	236997,9	293385,7	328379,3
1000	74380,23	106580,6	162460,7	208641,9	263331,1	325984,2	364865,9

Abb. 36. Investitionsgrenzwert bei Zeiteinsparungen

Beispiel zu 3.1.8.2: Investitionsgrenzwert für Roboterentwicklung

Für die Entwicklung eines „Roboters", der für das Farbspritzen einzusetzen ist, soll der Investitionsgrenzwert ermittelt werden. Wieviel darf der Roboter höchstens kosten, wenn durch seinen Einsatz eine Einsparung erzielt wird von:

- Ein Mann auf 10 Jahre bei „vollem" (= 80%) Einschichtbetrieb

$$\Delta T_{gr1} = 0,8 \times 35 \ \frac{h}{Wo} \times 50 \ \frac{Wo}{a} = 1400 \ \frac{h}{a} \ \text{aus Tabelle folgt} \rightarrow 369 \ T€$$

- Eine Arbeitsstelle auf 7 Jahre bei „vollem" (= 80%) Zweischichtbetrieb

$$\Delta T_{gr2} = 2 \times 0,8 \times 35 \ \frac{h}{Wo} \ 50 \ \frac{Wo}{a} = 2800 \ \frac{h}{a}$$

$$\text{aus Tabelle fogt} \rightarrow \quad 2 \times 292 \ T€$$
$$= \quad \underline{584 \ T€}$$

Der einschichtig einzusetzende Roboter sollte nicht mehr kosten als ca. 369 T€ und der zweischichtige Einsatz erlaubt ca. 584 T€ an Investitionen. (Es sind jeweils nur 80% der Planzeit angesetzt und dafür Strom- und Wartungskosten vernachlässigt).

3.1.8.3
neu – neu

Bestehen technische, kapazitive oder wirtschaftliche Notwendigkeiten für die Einführung eines neuen Verfahrens, dann ist sowohl über die Grenzkosten (k_{gr}) zu entscheiden als auch über Sonderkostenumlagen, also „sprungfixe Kosten", die von den Investitionen ($I_{1/2}$) ausgelöst werden. Unter Einbeziehung von Zinsen lautet dann die Bedingung für die Wahl von Verfahren 2:

$$k_{gr2} + \frac{I_2 \kappa_2}{M} < k_{gr1} + \frac{I_2 \kappa_2}{M}.$$

Für langfristige Betrachtungen, wenn also die Grenzkosten k_{gr} als variabel oder gar proportional und der Kapitaldienst K_{fix} auch als veränderlich erklärt werden muss, gilt, Entscheidung für Investition 2, wenn:

$$k_{var2} + k_{fix2} < k_{var1} + k_{fix1}$$

mit

k_{var} = variable Kosten je Mengeneinheit und
k_{fix} = Fixe Kosten je Mengeneinheit (aber langfristig doch als veränderlich anzusehen).

Bei Werkzeugen, Vorrichtungen, Modellen u.a. ist die wirtschaftliche <u>Grenzmenge n_{gr} in Stk</u> von Bedeutung. Sie errechnet sich näherungsweise (ohne Zins) nach der Beziehung:

$$I_1 + n_{gr} k_{gr1} = I_2 + n_{gr} k_{gr2}$$
$$n_{gr} = \frac{I_2 - I_1}{k_{gr1} - k_{gr2}}.$$

Für die wirtschaftliche durchschnittliche <u>Grenzleistung M_{gr} in Stk/a</u> gilt analog die Beziehung:

$$K_{fix,1} + M_{gr} k_{var1} = K_{fix,2} + M_{gr} k_{var2}$$
$$M_{gr} = \frac{K_{fix,2} - K_{fix,1}}{k_{var,1} - k_{var,2}}.$$

Dabei ist

$K_{fix\,1/2}$ = fixe Fertigungskosten je Zeiteinheit z. B.: €/Jahr,
$k_{var,1/2}$ = variable Fertigungskosten je Mengeneinheit z. B.: €/Stk und
M_{gr} = Grenzleistung als Menge je Zeiteinheit z. B.: Stk/Jahr.

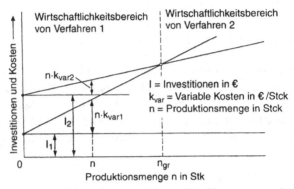

Abb. 37. Grenzmengenrechnung für Investitionen (Verfahrensgrenzen)

Die Folgerungen aus den verschiedenen Kostendegressionen werden durch Vereinheitlichung ausgewertet in folgender Form:

Vereinheitlichung	Bemerkungen
Baureihenbildung	Einsparungen in der Entwicklung, Arbeitsvorbereitung und z.T. Fertigung
Gleichteileverwendung (Wiederholteile bei einem oder mehreren Modellen)	Erhöhung der Produktionsmenge bzw. der Produktionsleistung evt. Fließfertigung bringt Fertigungskostensenkung bis 20%
Teilefamilienbildung Betriebsnormung	Möglichkeit zur Massenfertigung oder zur Anwendung von Rohteilen oder Verfahren der Massenfertigung. Fertigungskostensenkung bis 50%
Außerbetriebliche Normung	Günstige Bezugsquellen, da Kostendegression auch durch Produktion für andere möglich wird. Ein Massenfertigungsteil kostet im Durchschnitt nur 20% bis 5% eines gleichartigen Einzelfertigungsteils.

Abb. 38. Vereinheitlichungen und ihre Auswirkungen

Produktionsmenge bzw. Produktionsleistung	Kostensätze bzw. Strategie
10 Stk einmalig Kleine Produktionsmenge • Einzelfertigung – Beispiele: Versuchs- und Rennmodelle, Kundenspezifische Fertigung	• Der Sieg rechtfertigt (fast) jeden Aufwand • Hohe variable Kosten vertretbar • Wenig Entwicklungsaufwand anstreben • Vielfach Improvisation statt Planung • Verwendung möglichst vieler Norm-, Serien-, Wiederholteile und Halbzeuge • Minimierung typgebundener Investitionen: • 1 Mio € Investitionen → 100 €/Stk
10 000 Stk/a auf 10 Jahre Mittlere Produktionsmenge • Serienfertigung – Beispiele: Exklusivmodelle Kleinserienmodelle	• Variable Kosten reduzieren • Mittlerer Entwicklungsaufwand vertretbar • Nach vorhandenen Betriebsmitteln konstruieren • Möglichst Aggregate aus Großserien verwenden (Halbe Fertigungskosten!) • Normteil- und Wiederholteilverwendung noch lohnend • Ur- und Umformverfahren intensiver einsetzen • Wirtschaftliche Beschaffungs- und Losgröße beachten • Einfache typgebundene Betriebsmittel verwenden • 100 Mio € Investitionen → 1000 €/Stk
100 000 Stk/a auf 10 Jahre Große Produktionsmenge • Fließfertigung – Beispiele: Serienmodelle, Auswahlfertigung	• Geringe variable Kosten anstreben durch Teilautomatisierung, Einzweckmaschinen teils Transferstraßen, Arbeitsplatzgestaltung mit Kleinstzeitverfahren (MTM o.ä.) • Hoher Entwicklungsaufwand vertretbar • Norm- und Wiederholteile nur noch bedingt interessant • Konstruktionen teils an vorhandene Betriebsmittel anpassen (Umbau) • Hohe Investitionsbeträge für typgebundene Betriebsmittel leicht zu vertreten • 100 Mio € Investitionen → 100 €/Stk
1 000 000 Stk/a auf 10 Jahre Maximale Produktionsmenge • Massenfertigung – Beispiele: Technologische Grenzleistung evt. in Parallelfertigung Produkte mittlerer und niedriger Preisklasse	• Minimum an variablen Kosten anstreben durch Automatisierung und Kleinstzeitverfahren • Entwicklung und Planung ins Detail vertretbar • Optimale Konstruktion ohne Rücksicht auf vorhandene Betriebsmittel • Neumaschinen lohnen sich auch bei geringer Einsparung an variablen Kosten • Optimierung jedes Teils möglich, da kaum Vorteile durch Norm- und Wiederholteile (da gleiche Stückzahl!) • Spanlose Verfahren auf voller Breite anwenden • 100 g/Stk Mindergewicht bringt 1 Mio DM Einsparung • 1 min/Stk weniger Fertigungszeit rechtfertigt einen Investitionsbetrag von 4 Mio DM • 100 Mio € Investitionen → 10 €/Stk

Abb. 39. Strategische Hinweise für verschiedene Produktionsmengen und Produktionsleistungen am Beispiel der Fahrzeugproduktion

3.2
Konzeptorientierte Verfahren

In zunehmendem Maße werden heute schon im Entwicklungsbereich
Kostenvorgaben verlangt, gegliedert nach Funktionsgruppen und nach
Verantwortungsbereichen, zu einem Zeitpunkt, an dem noch keinerlei
Vorstellungen über Zeitbedarf, Maschinenbedarf, ja oft sogar keine Daten
über Materialkosten oder Fremdteilekosten vorhanden sind.

Schätzen, Vergleichsrechnungen und Sonderkalkulationen können hier
Hilfestellung geben.

Bei der Auftragsfertigung und -entwicklung muss die Angebotskalkulation so genau sein, dass ein Gewinn von 5 % weder um 5 % zu hoch noch
um 5 % zu niedrig angesetzt wird, sonst kann der Gesamtgewinn oder der
Auftrag weg sein. Trotzdem ist es aus Zeitgründen und aus wirtschaftlichen Gründen (5 bis 20 Angebote kommen auf einen Auftrag) nicht möglich, eine solche Kalkulation direkt auf der Basis der Fertigungszeiten und
des Fertigungsmaterials aufzubauen, da beide Grunddaten noch nicht
ermittelt sind.

Das Kostenrechnen basiert auf Erfahrung und Vergleichen.

Erfahrung kann nur durch ständige Kosteninformation gesammelt werden. Durch Kostenzielvorgaben und spätere Rückmeldung der tatsächlich
erreichten Kosten wird nicht nur Kosteninteresse geweckt, sondern eine
allmähliche Verfeinerung des Kostenbewusstseins und Kostenbewertens
erreicht.

Eine Unterstützung bei der Kostenschätzung durch einen Entwick-
lungsberater ist in jedem Falle zu empfehlen.

Zum Vergleichen dienen Sammlungen von Mustern oder Bildern und
Zeichnungen mit Angabe der wesentlichen Kostenkomponenten (evtl. über
EDV abrufbar). Es sind dann lediglich die Unterschiede herauszustellen
und die Unterschiedskosten (Differenzkosten, Mehrkosten, Wegfallkosten)
relativ oder absolut abzuschätzen. In einfachen Fällen ist eine Globalschät-
zung möglich. Sie kann durch mehrere qualifizierte Beurteiler und eine
entsprechende Mittelwertsbildung (Delphi-Technik) verbessert werden.

Eine analytische Kalkulation, nach Funktionsgruppen und Kostenarten
gegliedert, verbessert jedoch die Genauigkeitschancen. Dabei muss die
Gliederung um so feiner sein, je kleiner der Kalkulationsumfang ist, da der
Ausgleich durch das Gesetz der großen Zahl hier weniger wirksam wird.
Außerdem wächst der Kostenermittlungsaufwand, je mehr der spezielle
Arbeitsplatz direkt angesprochen werden muss.

Damit ein geschlossenes Kalkulationssystem von der Ziel- oder Vorkalkulation bis zur Nachkalkulation besteht, ist es zweckmäßig, die
Erfassungsgrößen der Nachkalkulation, wie Fertigungszeiten, Materialeinzelkosten und Sondereinzelkosten der Fertigung schon in der Schätz-
und Vergleichsphase zu benennen. Damit erhalten auch die einzelnen
Abteilungen wie Arbeitsvorbereitung, Materialeinkauf und Betriebs-
mitteleinkauf Ziele für ihre eigenen Aufgaben, und artfremde Kosteneinflüsse wie Erhöhung der Kostensätze bleiben weitgehend außerhalb
des zu verantwortenden Rahmens.

3.2.1
Vergleichen und Schätzen

Qualifiziertes Vergleichen und Schätzen sind vielfach die einzigen Wege,
um zu Vorkalkulationswerten zu gelangen. Dabei kann summarisch
(pauschal) oder analytisch geschätzt werden. Meistens sind beide Verfahren nebeneinander eingesetzt.

3.2.1.1
Pauschales Schätzen

Aufgrund von Erfahrungen können Fachleute die Kosten von Erzeugnissen ihres Bereichs recht gut schätzen. Dabei können systematische
Sammlungen von Kostendaten oder Preislisten (mit Datum, Produktionsmenge und sonstigen Zusatzangaben) recht hilfreich sein.

Einkäufer schätzen zweckmäßigerweise die Materialeinzelkosten, da
sie mit ihren „Preiserfahrungen" täglich mit den Einzelkosten umgehen
und die Materialgemeinkosten außerhalb ihrer direkten Einflussnahme
liegen. Ebenso haben Fertigungsplaner ihre Erfahrungen, vor allem bei
Fertigungszeiten, und die Fertigungskosten werden dann mit Hilfe der
bekannten Kostensätze hochgerechnet.

Die Umlage der „Sondereinzelkosten der Fertigung" – bzw. auch für
Sonderwerkzeuge, die für Auswärtsbearbeitung (= in Materialeinzelkosten) anfallen – können ohne großen Aufwand bereits in der Vorkalkulation ausgewiesen werden. Selbst dann, wenn Kosten pauschal geschätzt
werden, müssen diese drei „Einzelkostenbasen" zurückgerechnet werden,
um den Schätzern Sicherheit zu geben, dass ihre Pauschalschätzung realistisch ist und von den Kostenverantwortlichen auch durchschaut und
anerkannt wird.

Beispiel zu 3.2.1: Vergleichskalkulation für Bodenfräse

Bis vor 10 Jahren war eine Bodenfräse für Gärtner im Produktionsprogramm einer Maschinenfabrik. Die Produktion der Bodenfräse
wurde jedoch wegen schlechter Ertragslage aufgegeben.

Inzwischen hat sich jedoch der Markt so geändert, dass eventuell
eine Neuaufnahme der Produktion mit einigen neuen Ideen zweckmäßig sein kann. Auch sind Wettbewerber am Markt, die Anregungen
für Verbesserungen bieten. Um die Kosten für eine Wiederaufnahme
der Produktion abzuschätzen, werden die HK-Werte der bisherigen
Konstruktion analysiert und ausgewertet. Außerdem wird ein Wettbe-
werbsprodukt hinsichtlich seiner Kosten mitbeurteilt.

Die Verbesserung der Bodenfräse wird weitgehend durch Zukaufteile erreicht, weshalb auch die Materialeinzelkosten um ca. 5 % der
MEK angehoben werden.

Wie hoch wären heute voraussichtlich die Herstellkosten 1 der
Bodenfräse?

Von den Herstellkosten 1 aus kann in üblicher Form auf die Selbstkosten hochgerechnet werden.

Nr. Vorkalkulation durch Vergleichen und Schätzen	Bodenfräse BF 2/5			
	Heute Schätz- werte Wettbe- werber €/Stk*	Vor 10 Jahren Altgerät Nachkal- kulation €/Stk*	Veränderungen, Maßnahmen und Auswirkungen	Heute Neu- gerät Vorkal- kulation €/Stk*
(1) Produktions- menge (Stk)	**10 000**	6 000	Wachsender Markt	**10 000**
(2) Fertigungs- zeiten (h/Stk)	**3,25**	4,76	Zeitreduzierung 5 % p. a.	**2,85**
(3) Fertigungslöhne	58,50	70,74	Lohnsteigerung 4 % p. a.	62,70
(4) Fertigungsgemein- kosten	146,25	198,08	280 % → 300 % der FEK	188,10
(5) Fertigungskosten	204,75	268,82	Σ	250,88
(6) Materialeinzel- kosten	**180,91**	183,84	Kostensteigerung 2 % p. a.	**224,10**
(7) Materialgemein- kosten	18,09	18,38	10 % → 11,1 % der MEK	24,88
(8) Materialkosten	199,00	202,22	Σ	248,98
(9) Herstellkosten 1	403,75	471,04	Σ	499,78

* Einheit, falls nichts anderes angegeben.

Lösung:

Zu (2) Mit 5% Vorgabezeitreduzierung pro Jahr, wie sie in den letzten 10 Jahren erreicht wurde, ergeben sich

$t_a = 4{,}76 \times 0{,}95^{10}$ h/Stk = 2,85 h/Stk.

Zu (3) Die Fertigungslöhne stiegen in den letzten 10 Jahren von 14,86 €/h auf 22,00 €/h.

Zu (4) Durch höhere Automatisierung wuchsen die Fertigungsgemeinkosten durchschnittlich von 280% auf 300% vom Fertigungslohn.

Die 5% mehr „Zukaufteile" können durch konstruktive kostensenkende Verbesserungen kompensiert werden.

Beim Wettbewerber waren jedoch die Fertigungslöhne mit 18,00 €/h statt 22,00 €/h und die Gemeinkostensätze mit 250% statt 300% auf FL wesentlich niedriger!

Zu (6) +2% p.a. Materialkostenanstieg, +5% zusätzliche Zukaufteile zur Verbesserung der Bodenfräse sowie Rationalisierungswirkungen um –5% führten zusammen nur zu einem leichten Anstieg der Materialkosten.

Zu (7) Der Materialgemeinkostensatz stieg von 10% auf 11,1%, was hier berücksichtigt wurde.

Zu (9) Die Herstellkosten 1 sind somit etwa 6% höher als sie bei dem schlechteren Gerät vor 10 Jahren waren und fast 24% höher als sie heute eventuell bei dem Wettbewerber sind. Dies liegt jedoch nicht an den Fertigungszeiten, sondern an den Kostensätzen und an den Materialkosten. Es sollte vielleicht mehr Material aus dem Beschaffungsgebiet des Wettbewerbers bezogen werden.

Ergebnis:

Für das alte Gerät wurden die Basen zur HK1-Ermittlung, nämlich Fertigungszeit, und Materialeinzelkosten erfasst. Ihre Auswirkungen auf die Kosten führten zu der dargestellten Kostenaufteilung.

Nach der vorliegenden Kalkulation sind die dem neuen Pflichtenheft entsprechenden zu erwartenden Herstellkosten 1 HK1 = 499,78 €/Stk. Die weitere Beurteilung der Bodenfräse erfolgt im zweiten Teil der Rechnung in Abschn. 4.2.1

Damit die Sondereinzelkosten im Rahmen bleiben, d.h. das frühere Verhältnis zu den HK1 beibehalten, sollten die diesbezüglichen Investitionen, unter Beachtung der Serienmengen, den Betrag I_{2zul} (Gesamt-stückzahlen M) nicht überschreiten, für den gilt:

$$I_{2zul} = I_1 \frac{M_2}{M_1} \times \frac{HK1_2}{HK1_1}.$$

Hierbei ist I_1 der früher eingesetzte Investitionsbetrag für den Vor-gängertyp 1.

Mit I_1' = 160 000 €, und den in der obenstehenden Tabelle aufgezeig-ten Mengen und Herstellkosten wird:

$$I_{2zul} = 160\,000\,€ \times \frac{10\,000}{6\,000} \times \frac{499,78}{471,04} = 282\,937\,€.$$

(Dieser Wert ist wesentlich höher als der später geplante Investitions-betrag!)

An diesem Wert können die Planer überprüfen, ob ihre Pauschalvor-gabe realistisch scheint oder nur wünschenswert ist. Ein Abbau am „Pflichtenheft" wäre im letzten Fall notwendig.

Bei allen Kalkulationen, von der Vorkalkulation bis zur Nachkalkula-tion, sind die fett angezeigten Daten bzw. Kosten auszuweisen, um Ver-gleiche zu ermöglichen und die Vorkalkulationsbasen stets aktuell zu halten.

Für das neue, wesentlich verbesserte Gerät sind aus marktstrate-gischen Gründen höchstens HK1 in der angegebenen Höhe (von ca 500 €/Stk) zulässig. Die Kosten und Preise des ausländischen Wett-bewerbers können jedoch wesentlich niedriger sein.

3.2.1.2
Analytische Schätzkalkulation

Neue Erzeugnisse werden häufig zusammengebaut aus einer Großzahl vorhandener Baugruppen und vorhandener Teile; sowie aus Teilen, die vorhandenen Teilen ähnlich sind und zumeist nur aus einem gerin-gen Anteil wirklich neuer Teile. Damit kann die Kalkulation basieren auf bekannten Kosten von Wiederholteilen, auf Variantenkosten, die mit einem Anpassungsfaktor hochzurechnen sind und mit einem nur geringen Anteil pauschaler Schätzungen. Die Montagekosten lassen sich dabei errechnen aus der erwarteten Teilezahl und den betriebsüblichen und produktspezifischen Kosten für die Montage einer Stücklisten-position.

Die Grundgleichung für die Herstellkosten lautet dann:

$$k_h = \sum k_{h\ \text{Wiederholteile}}$$
$$+ \sum k_{h\ \text{Varianten}}\ f_{\text{Änderungen}}$$
$$+ \sum k_{h\ \text{Neuteile geschätzt}}$$
$$+ \sum k_{h\ \text{Montage geschätzt}} \cdot$$

3.2.1.3
Differenzkalkulation

Das Hochrechnen der Kosten für Varianten kann auch auf der Basis geschätzter „Mehrzeiten", „Mehrmaterial", „Mehrmontagen" oder entsprechender Minderwerte erfolgen, wie es die nachstehenden Gleichungen zeigen:

$$k_h = k_{h\ \text{Vergleichsobjekt}}$$
$$+ k_{h\ \text{Mehrteile}}$$
$$- k_{h\ \text{Minderteile}}$$
$$+ k_{h\ \text{Mehrmontage}}$$
$$- k_{h\ \text{Mindermontage}}$$

oder, für Einzelteile

$$k_h = k_{h\ \text{Vergleichsteil}}$$
$$+ k_{h\ \text{Mehrarbeit}}$$
$$- k_{h\ \text{Minderarbeit}}$$
$$+ k_{h\ \text{Mehrmaterial}}$$
$$- k_{h\ \text{Mindermaterial}} \cdot$$

Das analytische Vergleichen und Schätzen bedingt realistische Vergleichsobjekte, Erfahrung und psychologisches Gespür bei Zielvorgaben. Die Differenzkalkulationen sind bei Serienfertigung des Maschinenbaus, des Fahrzeugbaus und in der Elektroindustrie gebräuchliche Verfahren.

Beispiel zu 3.2.1 a: Vergleichs- und Schätzkalkulation mit Gewichtsziel-vorgaben
(Vergl. Abb. 40)

Liegt von einem Vergleichsobjekt eine Nachkalkulation mit Baugruppen-, Funktionsgruppen- oder Teile-Stückliste vor, dann wird zunächst diese Unterlage für die Kalkulation herangezogen. Hierbei kann, analog zur Kalkulation von Abb. 40 vorgegangen werden.

0 Zunächst wird eine ABC-Analyse für die Baugruppen bzw. Teile durchgeführt und aus den A- und teuren B-Positionen können vom Fachmann die Positionen herausgesucht werden, die als „Gleichteile" in das neue Erzeugnis einfließen sollen. Hier sind die Kosten weitgehend bekannt oder aufgrund der veränderten Stückzahlen leicht berechenbar.

1 Für die restlichen A-Positionen werden die Werte des Vergleichsobjekts notiert und davon abgeleitet durch Vergleichen, Schätzen oder Grobrechnen die erwarteten Kosten der wenigen neuen A-Positionen ermittelt. Diese wenigen Positionen beinhalten zumeist schon etwa die Hälfte aller Herstellkosten.

2 Hierzu werden nun die bereits erfassten Gleichteile zugeschlagen.

3 Aus der Stückliste lassen sich nun zahlreiche Teile ausscheiden, die bisher erforderlich waren, jedoch im neuen Erzeugnis in anderer Form oder nicht mehr benötigt werden. Die „Entfallteile" müssen jedoch Anregungen geben, ob die zugehörigen Funktionen wirklich entfallen oder anders zu realisieren sind. Im zweiten Falle müssen sofort die neuen Teile als „Zusatzteile" erfasst werden. Außerdem sind bei der Aktualisierung von Erzeugnissen meistens neue Funktionen oder höherwertige Ausführungen erforderlich. Alle diese Funktionsgruppen und Teile sind hier als Zusatzteile zu erfassen.

4 Die bisher erfassten Teile beinhalten meistens etwa 20 % der Stücklistenpositionen, jedoch über 80 % der Erzeugniskosten.

5 Ihre Summe wird jetzt zusammengefasst und im nächsten Schritt dahingehend beurteilt, ob der %Satz der noch fehlenden billigen B- und C-Positionen und deren Kosten bei beiden Erzeugnissen etwa gleich sein wird oder unterschiedlich anzusetzen ist.

6 Die Kosten für sämtliche Teile ergeben sich nun als Zwischensumme. Sind bisher die Materialkosten und Fertigungskosten samt ihren Gemeinkosten erfasst, stellt die Zwischensumme die HK1 ohne Montage dar.

Z i e l k a l k u l a t i o n

Variable Teile (Funktionsgruppen) ① A-Positionen	St	Vergleichs- objekt Gewicht kg | %	Kosten €/Eh | %	ⓐ Bemerkungen	St	Entwicklungsobjekt Gewicht kg | %	Kosten €/Eh | %
Summe: 1				Summe: a			

② Benennung	St	Gleichteile Gewicht kg | %	Kosten €/Eh | %	ⓑ Bemerkungen	St	Gewicht kg | %	Kosten €/Eh | %
Summe: 2				Summe: b			

③ Entfallteile Benennung	St	Gewicht kg | %	Kosten €/Eh | %	Zusatzteile ⓒ Benennung	St	Gewicht kg | %	Kosten €/Eh | %
Summe: 3				Summe: c			

④ Erfaßteile
Summe: ① + ② + ③   ⓓ Summe: ⓐ + ⓑ + ⓒ - ③

⑤ Restteile (gerechnet)   (geschätzt)
... %v. ④   ⓔ ...% v.d

⑥ Gesamtteile
Summe: ④ + ⑤   ⓕ Summe: ⓓ + ⓔ

⑦ Montage + Prüfung
+ Abnahme   ⓖ

⑧ Herstellkosten 1
und Gewichte
Σ ⑥ + ⑦   ⓗ Σ ⓔ + ⓕ

Zusatzinvestitionen

+   €   €

+ Entwicklungsaufwand

                               €   €

Herstellkosten 2

                               €   €

Abb. 40. Zielkalkulation für Entwicklungsprojekt

7 Nun werden die Montage- und Prüfkosten anhand des Vergleichsobjekts und eventuell der unterschiedlichen Teilezahl oder Stücklistenpositionen abgeschätzt und zugeschlagen.

8 Die Summe ergibt die Herstellkosten 1. Die Sondereinzelkosten der
  Fertigung erhält man schließlich als Umlage der Zusatzinvestitionen
  und evt. des Entwicklungsaufwands, so dass mit den Herstellkosten 2
  die technisch-wirtschaftliche Seite der Vorkalkulation abgeschlossen
  werden kann.

Kurz zusammengefasst gilt für die analytische Kalkulation das Kalkulationsschema von Abb. 40.

Beispiel zu 3.2.1 b: Vergleichen und Schätzen für Maschinentisch

Die in Abb. 40 b vorliegende Zeichnung zeigt für eine Leiterplattenfräs-
maschine einen Aufspanntisch mit den Abmessungen ca. 2,0 × 0,9 m².
Der Tisch ist in Grauguss oder Aluminiumguss herzustellen. Von der
Maschine werden etwa 20 Stk/a gebaut, und die Konstruktion ist voraussichtlich 5 Jahre aktuell.

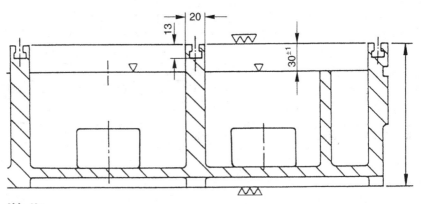

Abb. 40 a

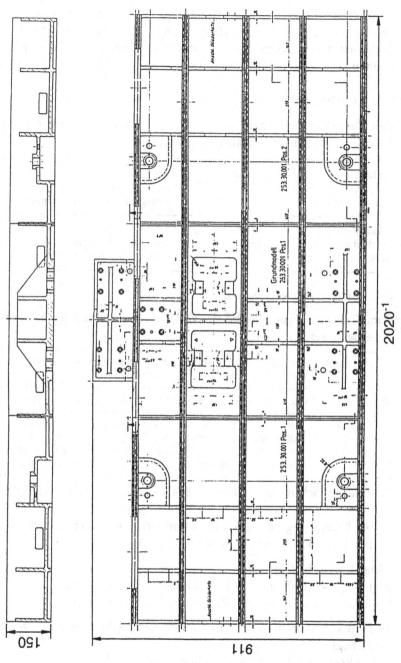

Abb. 40b

An diesem Beispiel der Kleinserien- oder Einzelfertigung sollen die verschiedenen Kalkulationsverfahren aufgezeigt werden, so wie sie von der Konzeptkalkulation bis zur Nachkalkulation betrieben werden können.

a) Pauschales Schätzen

Eine pauschale Schätzung von Fachleuten zeigt die untenstehende Tabelle der Rohteil- und Bearbeitungskosten.

Umfang	Einheit	Material	
		Grauguss	Aluminiumguss
Rohteilkosten	€/Stk	1500	3000
Bearbeitungskosten	€/Stk	3500	2000
Herstellkosten	€/Stk	5000	5000

b) Schätzen durch Vergleichen

Zum Vergleichen konnten die aktualisierten Daten von 3 Tischen herangezogen werden.

Tisch	Fläche	Gewicht kg/Stk		Rohteilkosten €/Stk		Bearbeitungszeit min/Stk		Bearbeitungskosten in €/Stk	
Nr.	m^2	GG	Alu	GG	Alu	GG	Alu	GG	Alu
1	1,0	200	75	740	1425	2100	1244	3360	2240
2	1,7	400	150	1480	2850	2625	1556	4200	2800
3	2,4	600	225	2220	4275	4200	2489	6720	4480
Summe	5,1	1200	450	4440	8550	8925	5289	14280	9520

Volumen, Gewicht, Rohteilkosten, Bearbeitung von drei Vergleichstischen.

Zur Beurteilung des neuen Tischs orientiert man sich zunächst an seiner Fläche und seinem Volumen mit den Werten:

Länge l_{max} = 2020 mm
Breite b_{max} = 910 mm $\Rightarrow$ F_n = 1,84 m^2 = Tischfläche
Stärke $D_\emptyset$ = 33 mm $\Rightarrow$ V_n = 60,66 dm^3 = Tischvolumen.

Es zeigt sich, dass der neue Tisch mit seiner Fläche zwischen Tisch 2 und 3 liegt.

Die Kosten dürften daher auch in diesem Bereich liegen.

c) Gewichts- und Flächenkosten

Umfang	Einheit	Verhältnis	Material	
			Grauguss	Aluminiumguss
Rohteil	€/Stk	$v = V_n/V_2$ $= f^{3/2}$	$\left(\dfrac{1,84}{1,7}\right)^{3/2} \times 1480 = 1667$	$\left(\dfrac{1,84}{1,7}\right)^{3/2} 2850 = 3209$
Bearbei-tungs-kosten	€/Stk	$f = F_n/F_2$	$\left(\dfrac{1,84}{1,7}\right) \times 4200 = 4546$	$\left(\dfrac{1,84}{1,7}\right) 2800 = 3031$
Fertigteil-kosten	€/Stk	Σ	6213	6240

Die Rohteilkosten sind etwa proportional zum Volumen, also zur Fläche hoch 3/2
und

$$k_m = (1,84/1,70)^{3/2} \times 1480 \text{ €/Stk} = 1667 \text{ €/Stk}.$$

Die Bearbeitungskosten sind etwa proportional zur Fläche also:

$$k_f = (1,84/1,70) \times 4200 \text{ €/Stk} = 4546 \text{ €/Stk}.$$

Diese Werte und die analog ermittelten Werte des Aluminiumtisches sind in die vorstehende Tabelle eingetragen.

d) Kostenrechnung nach den spezifischen Materialkosten und nach Fertigungszeiten mit Platzkostensätzen.

Umfang	Einheit	Material	
		Grauguss	Aluminiumguss
Wichte ρ	kg/dm³	7,20	2,70
Gewicht	kg/Stk	$(60,66 \times 7,2) = 436,8$	$(60,66 \times 2,7) = 163,8$
Spezifische Kosten*	€/kg	4440 €:1200 kg = 3,70 €/kg	8550 €:450 kg = 19,00 €/kg
Rohteilkosten	€/Stk	1616	3112
Platzkosten*	€/min	14280/8925 = 1,60	9520/5289 = 1,80
Bearbeitungszeit	min/Stk	$(1,84/1,70) \times 2625 = 2841$	$(184/170) \times 1556 = 1684$
Bearbeitungskosten	€/Stk	4546	3031
Fertigteilkosten	€/Stk	6162	6143

* Aus Summenzeile der zweiten Tabelle der Aufgabe.

Die technologische Kalkulation für die zwei Varianten zeigt fast gleich hohe Herstellkosten.

Beispiel 3.2.1 c: Kostendiagramm für Maschinentische

Aus den Erfahrungswerten der drei Vergleichstische lassen sich einfache Kostengleichungen und Kostendiagramme herleiten, wenn man
von konstanten spezifischen Gewichtskosten und flächenproportio-
nalen Fertigungskosten ausgeht.
Die Rohteilkosten betragen danach:

$$k_m = V \times k_{m\,spez} \quad \text{mit } k_{m\,spez\,GG} = 3{,}70 \text{ €/kg für Grauguss und}$$
$$k_{m\,spez\,Alu} = 19{,}00 \text{ €/kg für Aluminium}$$

und die Fertigungskosten ergeben sich zu

$$k_f = F \times k_{f\,spez} \quad \text{mit } k_{f\,spez\,GG} = \frac{14289 \text{ €}}{5{,}1 \text{ m}^2} = 2802 \text{ €/m}^2 \text{ und}$$
$$k_{f\,spez\,Alu} = \frac{9520 \text{ €}}{5{,}1 \text{ m}^2} = 1867 \text{ €/m}^2$$

Mit diesen Daten ließen sich die nachfolgend gezeigten Kostendiagramme zeichnen.

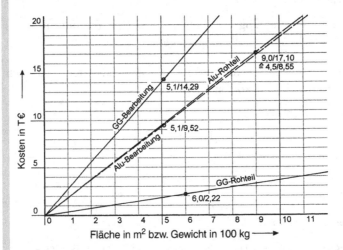

Im Diagramm werden nur die leicht zu ermittelnden Wert von 10 m²
(evt. 5 m²) und 10 × 100 kg eingetragen. Alle Zwischenwerte liegen auf
der Verbindungsgeraden zum Ursprung (0/0). Die für den Tisch abzu-
lesenden Werte sind bei 437 bzw. 164 kg Gewicht und jeweils 1,84 m²
Fläche Materialkosten von etwa 1600 bzw. 3100 € und die Fertigungskosten etwa 4500 und 3000 €.

3.2.2
Funktionsgruppenkalkulationen

Mit Hilfe der Funktionsanalyse können Erzeugnisse in Funktionsgruppen zerlegt werden, denen jeweils bestimmte Teile und Montage-
arbeiten ganz oder anteilig zuzuordnen sind. Die (eventuell anteiligen)
Kosten der Teile und Montagen nennt man Funktionskosten. Da Funktionen oft von mehreren Baugruppen ausgeführt werden und da die
Baugruppen oft für mehrere Funktionen eingesetzt sind, sind Funktionskosten nicht identisch mit Baugruppenkosten (vergleiche Abb. 68,
Abschn. 4.2.1). Es ist jedoch meistens möglich, Funktionsgruppen so
zu bilden, dass die Kostenzuordnung aus Baugruppen vertretbar oder
zumindest leicht abgrenzbar ist.

Mit Hilfe von Kostenschätzungen oder Kostenzielen für die einzelnen
Funktionsgruppen lässt sich dann die Funktionsgruppenkalkulation aufbauen (Beispiel: Transferstraßen, Fahrzeuge, Anlagenbau, Einzelfertigung
allgemein, usw.).

Dieses Verfahren bildet auch die Grundlage für die Vorgabe von
Zielen bei der mitlaufenden Kalkulation, wo anhand eines Vergleichstyps

Funktionsgruppe	Vergleichs-objekt		Neues Objekt				Begründung der Abweichungen
	Gewicht g/Eh	Kosten €/Eh	Letzter Stand vom:		Neuer Stand vom:		
			g/Eh	€/Eh	g/Eh	€/Eh	

Abb. 41. Kosten- und Gewichtsüberwachung während der Entwicklung

bzw. anhand von ausgewählten Funktionsgruppen die Kostenvorgaben für abzuändernde oder neu zu entwickelnde Funktionsbereiche festgelegt werden (vgl. Formblatt „Kosten- und Gewichtsüberwachung" (Abb. 41)).

In der Praxis des Sondermaschinenbaus, des Anlagenbaus und weiterer Gebiete der Einzelfertigung hat sich die Funktionsgruppenkalkulation in der Form bewährt, dass der „Verkäufer" oder „Vertreter" ein „Kalkulationshandbuch" (meist als Laptop) verwendet, in dem ein „Blanko-Pflichtenheft" alle potenziellen Anforderungen (Forderungen und Wünsche) vorweist, die ein Interessent haben wird, haben kann, soll oder muss. Zu jeder Anforderung, die über die Muss-Forderungen hinausgeht, sind, eventuell von der Dimensionierung abhängig, die Preise (nicht Kosten!) genannt. Wenn im Gespräch mit dem Kunden alle normalen und alle Zusatzfunktionen erfasst sind, kann auch die Dimensionierung der Muss-Funktionen (Maschinengröße usw.) eingegeben werden.

Auf diese Weise ist es möglich, im Gespräch mit dem Kunden die Entstehung und Beeinflussbarkeit des Preises von den Anforderungen her zu verfolgen und klar aufzuzeigen, was Zusatzforderungen oder selten gebrauchte Funktionen kosten. Das Angebotsgespräch führt sofort zu einem qualifizierten Richtpreis, über dessen individuelle Anpassung dann politisch zu entscheiden ist.

Für den internen Gebrauch setzt man statt der Preise im Kalkulationshandbuch die Kosten ein.

Beispiel zu 3.2.2: Funktionsgruppenkalkulation
(1. Näherung)

Eine Druckmaschine soll im Rahmen einer Entfeinerungsaktion überarbeitet werden, wobei mindestens 2000 € Kosteneinsparungen erzielt werden müssen.

Wie sehen die Kostenziele für die einzelnen Funktionsgruppen aus, wenn untenstehende Daten vorliegen und die Walzen sowie Lagerungen beibehalten bleiben müssen?

Für die Walzen und Lagerungen werden die Kosten direkt übernommen. Die restlichen Kosten werden addiert und mit 100 % angesetzt.

Die prozentualen Kostenanteile können nun als beeinflussbare Kosten in erster Näherung von der alten Maschine auf die neue übertragen werden.

Funktionsgruppe	Alte Maschine IST-Kosten		Neue Maschine – Kostenziel	
	€	%	€	%
Grundgestell	3600	30	3000	30
Walzen mit Lagerung	(5000)	–	(5000)	–
Mechanischer Antrieb	2400	20	2000	20
Elektrik	4800	40	4000	40
Verbindungsteile	600	5	500	5
Montage	600	5	500	5
Σ der beeinflußbaren Kosten	12000	100	10000	100
Σ der Gesamtkosten	17000	–	15000	–

Abb. 42. Näherung für Kostenziele von Funktionsgruppen

Rechnet man von den bisherigen beeinflussbaren Kosten 2000 € zurück, dann ergibt dies das Ziel für die neuen beeinflussbaren Kosten, die nun anteilig den einzelnen Funktionsgruppen angelastet werden.

Die neuen Ziele müssen jedoch mit den einzelnen Entwicklern durchgesprochen und so abgestimmt werden, dass die Summe erhalten bleibt.

3.3
Konstruktiv orientierte Kalkulationen

Liegt ein Entwurf eines Produkts vor, sind jedoch die genauen Maße, Toleranzen und spezifische Materialqualitäten noch nicht endgültig festgelegt, so bieten sich vielfach konstruktiv orientierte Kalkulationsverfahren an, das heißt, Verfahren, die von Daten der Zeichnung ausgehend direkt – nicht über Technologie und Fertigungszeiten – zu Kostenwerten führen. Die größere Streuung der Kalkulationsergebnisse gegenüber technologischen Kalkulationen ist dabei vertretbar wegen der wesentlichen Vereinfachung und Beschleunigung der Datenermittlung.

3.3.1
Volumen- und Gewichtskostenverfahren

Bei Produkten, deren Kosten zum überwiegenden Anteil durch die Roh-
materialkosten bestimmt werden und deren Kostenstruktur nicht stark
variiert, wird zur Überschlagsrechnung und teils auch zur Vorkalkulation
die Gewichtskostenmethode eingesetzt:

$$k_h = G \cdot k_{spez} \quad \text{oder}$$

$$k_h = \Sigma \, G_{Einzelteile} \cdot k_{spez \, Einzelteile} \quad \text{oder}$$

$$k_h = \Sigma \, V_{Einzelteile} \, \rho_{Einzelteile} \cdot k_{spez \, Einzelteile}$$

Dabei ist k_{spez} ein Erfahrungswert, der gebildet wird nach der Beziehung

$$k_{spez} = \frac{\text{Kosten aller Teile}}{\text{Gewicht aller Teile}}$$

k_{spez} ist abhängig von Produktart, Zeit, usw.

Dort wo das Materialgewicht der entscheidende Kostenfaktor ist, wie
im Bauwesen (Stahlkonstruktionen, Betonkonstruktionen, usw.) oder
im Schwermaschinenbau, in Gießereien, Schmieden, Härtereien, Galva-
niken usw. ist die Gewichtskostenmethode für Zielvorgaben und erste
Ansätze ein gutes Hilfsmittel, wenn zugleich auch Ansätze verfolgt und

Abb. 43. Preise (ohne
Modellkosten) für
mittelgroße Gussteile
(0,5 bis 2,0 kg/Stk)

Preise für Gußteile (0,5 bis 2,0 kg)	€/kg	€/dm³
Grauguss unlegiert	4,20	30,40
Grauguss legiert	4,70	34,10
Schwarzer Temperguss	6,00	43,50
Weißer Temperguss	6,40	46,40
Sphäroguss	8,25	59,80
Schweißbarer Temperguss	10,50	86,60
Aluminium Druckguss	12,00	32,40
Aluminium Kokillenguss	13,20	34,80
Aluminium Sandguss	16,80	45,40

vorgegeben werden, einen ökonomischen Einsatz des Materials sicher-
zustellen.

Bei der Galvanik und sonstigen Oberflächenverfahren wie Gipsen,
Malen, Bodenlegen, Gärtnern usw., ist häufig auch die Oberfläche als
Kalkulationsbasis üblich und zweckmäßig.

Beispiel 3.3.1 a: Preiskorrektur durch Kostennachweis

Zwei Beispiele sollen die Vorteilhaftigkeit der Gewichtskostenbetrach-
tung in der Massen- und Kleinserienfertigung zeigen und anregen,
ähnliche Unterlagen zu erstellen:

Ein Automobilzulieferer stellt für Pkw-Getriebe Vorgelege-, An-
triebs- und Abtriebswellen her. Für ein neu entwickeltes Fünfgang-
Getriebe wurde das Schmiede-Rohteil für die Vorgelegewelle (V24) von
der bisherigen Schmiede zu einem angeblich ausgereizten Preis von
14,30 €/Stk geliefert.

Im Rahmen eines Wertanalyse-Projekts wurden die Einkaufspreise
aller Getriebewellen erfasst und in einem Diagramm über dem Einsatz-
und Liefergewicht aufgetragen. Dabei lagen alle Werte sehr eng um die
jeweilige Mittelwertsgerade. Lediglich die Vorgelegewelle V24 zeigte

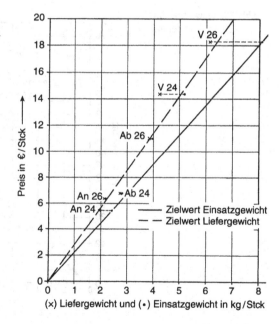

Abb. 44. Gewichte und Preise von Schmiedeteilen

einen Ausreißer. Eine erneute Verhandlung mit den Lieferanten ergab, dass in der Vorbereitungszeit, aus der der Preis stammte, die Welle „in 2 Wärmen" geschmiedet werden musste. Später gelang es, ohne Zwischenerwärmung die Welle fertig zu schmieden, was jedoch nur durch die Reklamation zu einer angemessenen Preisreduzierung führte.

Beispiel zu 3.3.1 b: Lieferantenwechsel mit Preisformel-Vereinbarung

Ein Pumpenhersteller hat in seinem Fertigungsprogramm eine Vielzahl von Hydraulikpumpen, die jedoch alle den gleichen Aufbau aufweisen. Ohne direkt ersichtlichen Grund waren jedoch die Rohteilpreise der Gießerei gleichmäßig streuend in einem Feld von 3 €/kg bis 6 €/kg. Aus dem Programm wurden nun einige Ausreißer ausgewählt und bei einer neuen großen Gießerei angefragt. Überraschend lagen nun alle Preise, die für die hohen und die für die für niedrigen Ausreißer, auf einer Geraden, die jedoch nicht durch den Ursprung (0/0) geht. Die meisten Werte lagen jedoch wesentlich niedriger als die bisherigen (außer bei Kleinpumpen).

Abb. 45. Gewichte und Preise von Gussteilen

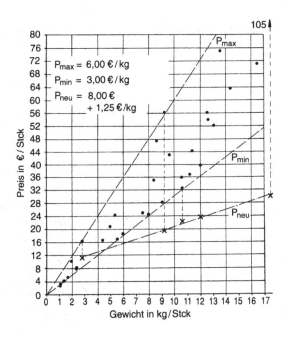

Auf der Basis der gefundenen Gerade, die 8,00 € Grundpreis und nur 1,20 €/kg Gewichtspreis aufweist, konnte mit dem Lieferanten ein Abschluss vereinbart werden mit folgenden Zusagen:

- Künftig werden etwa xxx t/a ± 10 % Gehäuseguss auf der Basis des in der Gleichung festgelegten Preises abgenommen. Bei Mehr- oder Minderlieferung gelten Sondervereinbarungen. Es erfolgt keine Anfrage und kein Angebot sondern stets nur Bestellung bzw. Abruf zum Festpreis.
- Bezahlt wird zum 10. des der Lieferung folgenden Monats.
- Der Preis wird jährlich zum ... neu verhandelt.
- Die Lieferzeiten ab Abruf von Wiederholteilen und ab Bestellung von Neuteilen werden monatlich zum ... festgelegt.
- Es erfolgt monatlich eine rollende halbjährige Mengenvorschau, die bei Fertigteilen für 8 Wochen und bei Rohmaterial für 12 Wochen verbindlich ist.
- usw.

Das Angebotswesen und die Kalkulation werden durch solche Maßnahmen entlastet, so dass beiden Seiten erheblich gedient ist und die Zufälligkeiten der Kostenschwankungen vermieden werden.

Die Proportionalität zwischen Gewicht und Kosten hat dort ihre Grenzen, wo Gewichtserhöhung oder Gewichtsverringerung Nebenziele der Entwicklung sind. So verlangen oftmals schwingungsarme Konstruktionen große Massen, was zu massivem Materialeinsatz ohne proportionalem Kostenanfall führt, und im Kranbau und Schiffsbau wird im Rahmen des Sparbaus versucht, jedes Gramm Material einzusparen, was nicht der Stabilität nutzt. Dadurch können zwar die Kosten gesenkt – sogar minimiert – werden, jedoch steigen die spezifischen Materialkosten (€/kg) an.

Beim Leichtbau ist man sogar bereit, für weniger Gewicht mehr zu zahlen. So wird im Fahrzeugbau ein Satz akzeptiert von 1 € Mehrkosten je kg reduziertes Gewicht, im Flugzeugbau 100 €/kg und bei der Raumfahrt sogar bis 10000 €/kg, das heißt eingespartes Gewicht wird mit Gold aufgewogen.

Abb. 46. Zulässige Mehrkosten von Bauteilen in Abhängigkeit vom Gewicht und Einsatz

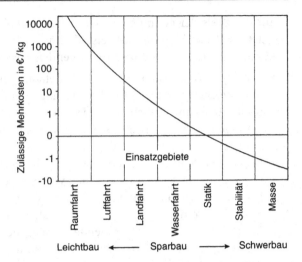

Beispiel zu 3.3.1 c: Gewichts- und Volumenkalkulation im Bauwesen

Für die Erweiterung einer Produktionshalle stehen zwei Alternativen zur Auswahl, eine Stahlkonstruktion und eine Betonkonstruktion. Als Basis sind die Daten der folgenden Tabelle bekannt, woraus sich die in der letzten Spalte gezeigten aktuellen Werte ergeben:

Material	Basiswerte	Teuerungsfaktor	Aktuelle Werte
Beton (verarbeitet und verputzt)	350 €/m³	1,20	420 €/m³
Baustahl (verarbeitet und montiert)	800 €/t	1,30	1040 €/t

Welche der beiden Lösungen ist vom Rohbau aus gesehen kostengünstiger?

Baugruppe	Material	Stahlkonstruktion		Betonkonstruktion	
		Massen	T€	Massen	T€
Fundament	Beton	700 m³	294	300 m³	126
	Stahl	140 t	146	30 t	31
Bodenplatte	Beton	2000 m³	840	2000 m³	840
	Stahl	150 t	156	150 t	156
Seitenwände	Beton	400 m³	168	1800 m³	756
	Stahl	450 t	468	170 t	177
Dachkonstruktion	Beton	0 m³	–	600 m³	252
	Stahl	450 t	468	200 t	208
Sonstige Unterschiede	versch.	versch.	120	versch.	140
Summe der Differenzpositionen			2660		2686

Ergebnis: Die errechneten Werte zeigen, dass praktisch kein Unterschied in den Kosten besteht, denn die geringe Differenz liegt bei diesen „Rechnungen" in der Mitte des Streubereichs.

3.3.2
Relativkostenkalkulation – Kalkulation nach VDI R 2225 [11]

Die Kostenbasen wie Materialkosten (z.B. €/kg), Fertigungslöhne (z.B. €/h), Investitionen (z.B. Maschinenpreise) usw. unterliegen ständigen Änderungen, deren Stand und Entwicklung nur von den direkt Betroffenen wie Einkäufern oder Kalkulatoren erfasst und beurteilt werden können. Es ist jedoch zu vermuten, dass die Relationen der Kostenbasen wie „Stundenlohn" zum „kg-Preis für Stahl", „Alu" usw. nicht so stark schwanken, sofern nicht technologie- oder marktbedingte Einbrüche entstehen.

Außerdem ist bei gleichartigen Konstruktionen und bei vergleichbarer Produktionsleistung die Relation zwischen Materialkosten, Fertigungslöhnen und Gemeinkosten in gewissen Grenzen als konstant anzusehen (siehe Abb. 47).

Es wäre daher zweckmäßig, diese Relationen für verschiedene, vorhandene Erzeugnisse und deren Aggregate oder Baugruppen zu ermitteln und als Basis für Überschlagsrechnungen zu erfassen.

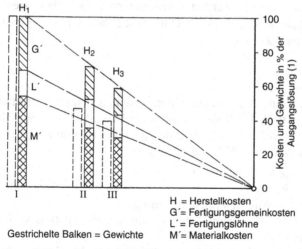

Abb. 47. Kostenaufteilung für drei Entwicklungsstufen (I, II, III) eines Kleinselbstschalters (nach Kesselring)

Im Rahmen des technisch-wirtschaftlichen Konstruierens wurde in einem VDI-Arbeitskreis eine Richtlinie geschaffen, die zunächst einmal die Kostenrelationen verschiedener Werkstoffe zu den Kosten von USt 37.-2 auf die Volumeneinheit bezogen aufzeigte. Die so erfassten „Relativkosten" ermöglichen einen einfachen Vergleich zwischen gleichen Teilen, die aus unterschiedlichem Material hergestellt sind. Die relativen Werkstoffkosten von USt 37.-2 mittlerer Abmessungen und Bezugsmengen werden mit 1 angenommen. Grauguss erhält dann, nach Angaben des „Relativkostenkatalogs", die Relativkosten 4,0 und Aluminium-Sandguss 4,8. Daraus ergibt sich, dass das gleiche Gussteil aus Aluminium rund 20% teurer ist als das aus Grauguss.

Berücksichtigt man ferner noch die etwa gleichbleibende Relation zwischen Fertigungs- und Herstellkosten, dann lassen sich bei passenden Produkten schnell aus dem Volumen die Werkstoffkosten (Materialkosten) und aus den Werkstoffkosten die Herstellkosten errechnen.

Die Anwendung der Relativkostenkalkulation setzt gewisse Gleichheit, Ähnlichkeit oder zumindest Verwandtschaft der Erzeugnisgruppen voraus. Je gleichartiger die Vergleichsobjekte sind, desto einfacher lässt sich auch die Rechnung aufziehen.

a) Gleiche Erzeugnisgruppe

(gleiche Kostenstruktur, Zulieferungen (Kaufteile) < 20% der k_m)

Gehören die zu vergleichenden Objekte einer Typreihe, Baureihe oder sonstigen Ähnlichkeitsgruppe an, dann kann zumeist eine gleiche Kostenstruktur vorausgesetzt werden. Betragen ferner noch die Kosten für Kaufteile und Zulieferungen für die Objekte < 20% der Materialkosten, dann kann angesetzt werden:

$$k_{h2} = \frac{k_{m2}}{k_{m1}} k_{h1}$$

(Material-, Lohn- und Gemeinkosten verhalten sich proportional).

Zum Ermitteln der Materialkosten wird vom Volumen, von den spezifischen Volumenkosten und von den absoluten Volumenkosten des Vergleichsmaterials (USt 37-2) ausgegangen.

Dabei sind die Materialkosten k_m

$k_m = V_b \, k_v^* \, k_{v0}$

V_b = Bruttovolumen (aus Zeichnung),

k_v^* = relative Werkstoffkosten je Volumeneinheit (aus VDI-Tabellen) und

k_{v0} = absolute Kosten je Volumeneinheit des Vergleichsmaterials USt 37-2 (aus Preisliste)

b) Verwandte Erzeugnisgruppe

(Gleiche Gemeinkostenfaktoren, Zulieferungen < 20 % der k_m)

Als verwandte Erzeugnisse gelten solche, die eine ähnliche Fertigung mit etwa gleich hohen Platzkostensätzen (Stundensätzen) haben, jedoch ein unterschiedliches Verhältnis von Fertigungskosten zu Materialkosten. Sind wieder die Kaufteile und Zulieferungen < 20 % der Materialkosten, dann lässt sich ansetzen:

$$k_{h2} = k_{m2} + (1 - p_1') \, k_{f1}$$

wobei $\quad p_1' = \dfrac{L_1 - L_2'}{L_1'} = $ relativer Lohnkostenunterschied

und $\quad L = $ Lohnsatz in €/h

(Lohn- und Gemeinkosten verhalten sich proportional).

c) Fremde Erzeugnisgruppe

(Lohnanteile und Gemeinkostensätze verschieden, Zulieferungen < 20 % der k_m)

Die VDI-Richtlinie 2222/25 zeigt auch für Erzeugnisgruppen, bei denen andere Platzkosten- bzw. Gemeinkostensätze zu verwenden sind, Möglichkeiten für Relativkosten-Ansätze auf.

Die Rechnungen sind jedoch so aufwendig und trotzdem noch so ungenau, dass es hier zweckmäßiger erscheint, gleich die Grundgrößen wie Fertigungszeiten und Matrialeinzelkosten direkt zu erfassen und dann nach dem üblichen Kalkulationsschema der Platzkosten- oder Stellenkosten-Zuschlagskalkulation zu arbeiten.

Formal wird bei fremden Erzeugnisgruppen folgender Ansatz empfohlen:

$$k_{h2} = k_{m2} + (1 - p_1') \, \frac{1 + g_2}{1 + g_1} \, k_{f1}$$

mit

$\quad g_i = $ Gemeinkostenfaktor $= G_i / L_i$.

In den letzten Jahren wurde überbetrieblich in zahlreichen Unternehmen des Machinen-, Fahrzeug- und Elektrogerätebaus die Relativkostenmethode entwickelt. Sie ließ den Vorzug erwarten, dass die Kosten durch Relativierung von kurzzeitigen Preisbewegungen weitgehend unabhängig sind. Sie erwiess sich jedoch zur direkten Kostenfindung, etwa für die Preisgestaltung als zu ungenau, während Konstruktionsvergleiche auf der Basis von Relativkosten realistische Entscheidungen ermöglichen.

Die Anwendungen sollten sich jedoch auf „gleiche" oder bedingt eventuell auf „verwandte" Erzeugnisgruppen beschränken. Die Relativkostenrechnung setzt jedoch stetiges Aktualisieren der Kostenkataloge voraus.

Überbetriebliche Relativkostenkataloge sind sehr problematisch!

Ursprünglich war vorgesehen, die Relativkostenkalkulation nicht nur in der Entwicklung als Entscheidungshilfe einzusetzen, sondern auch bei Betriebsvergleichen. Wider Erwarten haben sich jedoch kurz nach dem Erstellen des VDI-Relativkostenkatalogs die Kostenrelationen zwischen den erfassten Werkstoffen sehr stark verändert. Die Aluminiumpreise stiegen wegen der Energiekrise steil nach oben, während die Stahlpreise, und damit auch der Basiswert von USt 37-2, infolge der Überkapazitäten fast auf die Hälfte zurückgingen. Eine ständige überbetriebliche Anpassung des Relativkostenkatalogs ist damit nicht möglich, so dass heute die Relativkostenkalkulation nur innerbetrieblich und nur beschränkt auf Konstruktionsvergleiche anwendbar scheint.

Beispiel zu 3.3.2: Analytische Vergleichskalkulation für Leichtmotor

Eine analytische Vergleichskalkulation soll aufzeigen, welche Kostendifferenz ein „Leichtmotor" gegenüber dem „Normalmotor" erwarten lässt, aus dem er abgeleitet wird. Für den Rumpfmotor liegt eine Stückliste mit Material-, Gewichts- und Kostenangaben vor.

Hält die Verteuerung den Rahmen der im Pkw-Bau wirtschaftlich vertretbaren Mehrkosten V ein für den gilt,

$$V \leq 1,00 \; \frac{\text{€ Mehrkosten}}{\text{kg Gewichtseinsparung}} ?$$

Basis für die Berechnung der Gewichte und Kosten sind die nachfolgenden aufgeführten Kennzahlen für die relativen Werkstoffkosten und Wichte:

USt 37-2 $k^*_{\text{USt 37-2}} = 1,00 = $ Relative Volumenkosten von USt 37-2,
Grauguss $k^*_{\text{GG}} = 4,00$ und Dichte $\rho_{\text{GG}} = 7,2 \, \text{kg/dm}^3$,
Aluminium $k^*_{\text{Alu}} = 4,80$ und Dichte $\rho_{\text{Alu}} = 2,7 \, \text{kg/dm}^3$.

Benen-nung. Teil-Nr.	Normalmotor			*	Leichtmotor			Bemer-kungen
	Material	Gewicht kg/Stk	Kosten €/Stk		Material	Gewicht kg/Stk	Kosten €/Stk	
Kurbel-gehäuse	GG	36,0	360	V	Alu	13,5	432	Druck-guss
Zylinder-kopf	GG	24,0	200	V	Alu	9,0	240	Halb-kokille
Kurbel-welle	Ck45	20,0	170	W	Ck 45	20,0	170	bleibt
Pleuel	Ck45	6,0	48	W	Ck45	6,0	48	bleibt
Ölwanne	Alu-Guss	2,0	20	V	Alu	1,8	18	Blech
Ölkühler	–	0,0	0	N	Alu	2,5	36	neu
Sonstige	–	40,0	452	X	X	36,0	440	–10/2,5%
Montage	–	–	250	X	0	–	225	Über-arbeiten
Summe		128,0	1500		–	88,8	1609	–

* = W = Wiederholteil, V = Variante, N = Neuteil, X = Verschieden.

Für die Kostenermittlung wurden einige Daten aus VDI R2222/25 sowie sonstige Werkstoffkennzahlen genutzt: Auf der Basis der relativen Werkstoffkosten je Volumeneinheit wurden oben errechnet:

- das Gewicht des Kurbelgehäuses in Alu $= 36 \times \dfrac{2,7}{7,2}$ kg/Stk und

- die Kosten des Kurbelgehäuses in Alu $= 360 \times \dfrac{4,80}{4,00}$ €/Stk.

Ergebnis: Bei dem Leichtmotor sind die Kosten etwa (1609–1500) € = 109 € höher, und das Gewicht ist (128,0–88,8) kg = 39,2 kg geringer als beim Grauguss-Motor. Dies bringt einen spezifischen Kostenanstieg von (109:39,2) €/kg = 2,80 €/kg >1,00 €/kg. Das Limit ist damit erheblich überschritten.

3.3.3
Kalkulation nach Schick

Bei der Kalkulation einzelner Teile ist das Verfahren nach VDI-R 2225 oftmals zu grob, da es individuelle Unterschiede in der Fertigung nicht genügend berücksichtigt und hier kein Ausgleich durch das Gesetz der großen Zahl erfolgt.

In dem Verfahren von Schick werden die Fertigungskosten durch einen Faktor bestimmt, der die technologischen Fertigungsverfahren beinhaltet. Ferner werden die Rüstzeit und die Losgröße erfasst, die bei Einzelfertigung stark ins Gewicht fallen. Als Basis für die Kostenermittlung dient hier das Volumen bzw. das mit Hilfe der EDV errechnete Materialrohgewicht. Das Verfahren ist firmenspezifisch aufgebaut und in [12] detailliert beschrieben.

Um die Grunddaten, die Kostenfaktoren, statistisch gut abzusichern, bedarf es zunächst eines relativ hohen Aufwands. Außerdem müssen die Daten ständig aktualisiert und durch Rückkoppelung korrigiert werden. Ist diese Aufgabe jedoch sichergestellt, dann bietet die Methode eine schnelle und gute Form für Konstruktionsvergleiche und für die Kosten-

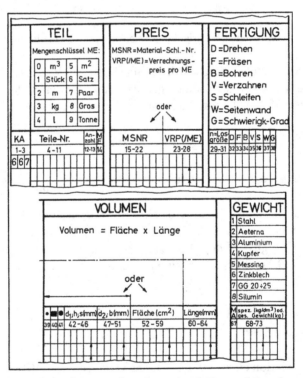

Abb. 48. Erfassungsbeleg für Kostenberechnung nach Konstruktionsdaten

verfolgung bei der mitlaufenden Kalkulation im Bereich des allgemeinen Maschinenbaus.

Abbildung 48 zeigt die Erfassungsunterlage für konstruktive und technologische Daten, die alle im Entwicklungsstadium leicht zu eruieren sind, und auf denen die Kalkulationswerte aufbauen.

Als Einflussgrößen sind erfasst: Materialart, Volumen, Rohteilkosten, angewandte Fertigungsverfahren, Schwierigkeitsgrad und Losgröße. Durch Rückkoppelung ist sichergestellt, dass die Basen stets aktualisiert werden.

3.3.4
Kurz- oder Schnellkalkulationen mit Hilfe von Kalkulationsformeln

Um von den aufwendigen technologiebezogenen Kalkulationen wegzukommen und trotzdem eine vertretbare Genauigkeit zu erreichen, wurden zahlreiche Versuche unternommen, die die Fertigungszeit bestimmenden Parameter der Konstruktion quantitativ zu erfassen und daraus Gleichungen zu entwickeln, die allein mit Zeichnungsdaten versehen sind und direkt zu den Fertigungs- bzw. Herstellkosten führen. Als mathematische Methode für die Ermittlung der Parameter der Kostengleichungen empfiehlt sich die Regressionsrechnung. Mit der „Methode der kleinsten Quadrate" können aus Datenfeldern Mittelwertskurven errechnet werden, die den Kalkulationen zugrundezulegen sind.

Als Kurven kommen in Frage: Geraden, Potenzkurven und logarithmische Kurven. Dabei wird aber der mathematische Aufwand sehr bald so groß, dass EDV-Anlagen einzusetzen sind.

Die Grundgleichung derartiger Kostengleichungen lautet etwa:

$$k = + a_0 + a_1 x_1 + a_2 x_2 + \dots$$
$$+ b_1 \log y_1 + b_2 \log y_2 + \dots$$
$$+ c_1 z_1^{h1} + c_2 z_2^{h2} + \dots$$

Mit Hilfe der Korrelationsrechnung und der Regressionsrechnung werden hierfür die notwendigen mathematischen Ansätze eruiert und quantifiziert. Zunächst werden statistische Reihen der erwarteten Einflussgrößen ermittelt (etwa Kosten in Abhängigkeit vom Volumen oder Gewicht und Material usw. Die Korrelationsrechnung zeigt dann die wechselseitige Verbundenheit der verschiedenen statistischen Reihen und die Regressionsrechnung ermittelt die Art des Zusammenhangs der verschiedenen statistischen Reihen [26]. Anhand der Methode der kleinsten Quadrate wird anschließend zu einem Punkthaufen die Trendlinie errechnet und die Streuung der Punkte um diesen Trend geklärt (Varianz usw.).

3.3.4.1
Einfache Regression

Zeigt die Korrelationsrechnung (die die Beziehungen zwischen mehreren statistischen Reihen bzw. Einflussgrößen klärt), dass unsere gesuchte abhängige Variable (nämlich die Kostenhöhe) nur von einer unabhängigen Variablen (z.B. dem Gewicht) abhängt, dann kann durch einfache Regression die Beziehungsgleichung hergeleitet werden, sofern sie den drei obengenannten Kurvenarten (Geraden, Potenzkurven und Logarithmische Kurven) angehören. Lineare Beziehungen können direkt ausgewertet werden. Potenz- und Logarithmusfunktionen sind zunächst zu logarithmieren, wodurch Linearbeziehungen herzuleiten sind. Danach kann auch die Methode der kleinsten Quadrate angesetzt werden, um aus den Punktfeldern Regressions- bzw. Trendlinien zu erzeugen.

Gehen wir davon aus, dass unsere gesuchten Kalkulationsgleichungen einfache algebraische Gleichungen mit einer bestimmten Anzahl n von Unbekannten sind, oder sich in diese umwandeln lassen, dann können diese n Unbekannten ermittelt werden, wenn uns n voneinander unabhängige Gleichungen vorliegen.

Unsere gesuchten Kalkulationsgleichungen haben zumeist eine geringe Anzahl (meist unter 10 bis 15) von Einflussfaktoren und uns liegt gewöhnlich eine Vielzahl von Nachkalkulationen aus der Vergangenheit vor, so dass eine Ermittlung der Einflussfaktoren möglich sein müsste.

Aber zwei Probleme bestehen dabei, die nicht algebraischer Natur sind:

1. Der mathematische Ansatz der Einflussgrößen, ob additiv, multiplikativ, in Potenzen o.ä. anzusetzen ist, ist meistens unklar.
2. Unter gleichen Bedingungen können die einzelnen Einflussfaktoren innerhalb größerer Grenzbereiche streuen, ohne dass dies beim Ansatz durch Normieren voll auszuschließen ist.

Daher bleiben die „Gleichungen" stets nur „Näherungen".

Beispiel zu 3.3.4.1: Kostendiagramm und Kostengleichung – Methode der kleinsten Quadrate

Für Schmiedestücke mittleren Schwierigkeitsgrades liegen die nachfolgend notierten Kosten vor:

Gewicht	kg/Stk	7	8	9	10	11	12	$\Sigma = 57$
Kosten	€/Stk	40	32	44	40	48	48	252
Probe	€/Stk	31	35	40	44	49	53	252

Wie können mit Hilfe einer Gleichung die Kosten für ein 6 kg und für ein 14 kg schweres Werkstück ermittelt werden?

a) durch Schätzen und überschlägiges Rechnen
b) graphisch mittels eines Diagramms und
c) mit der Regressionsrechnung (Methode der kleinsten Quadrate).

Lösung:
Zu a) Schätzen und Gewichtskostenrechnen

Die Summe der Gewichte ergibt $\Sigma G = 57$ kg.
Die Summe der Kosten ergibt $\Sigma K = 252$ €.
Daraus ergeben sich Gewichtskosten von $k_{spez} = 252/57$ €/kg $= 4,42$ €/kg.

Die Schätzgleichung lautet:

$k_s = 4,42$ €/kg $\times G,$

und die Werte für die beiden Vergleichsobjekte ergeben (bewusst mit unterschiedlichen Einheiten gerechnet!):

$$k_6 = 4,42 \frac{€}{kg} \times 6000 \text{ g/Stk} = 4,42 \frac{€}{1000 \text{ g}} \times 6000 \text{ g/Stk}$$
$$= \underline{26,52 \text{ €/Stk}}$$

(da für 1 kg = 1000 g gesetzt wird, kann die Gewichtseinheit weggekürzt werden),

und $k_{14} = \dfrac{14}{6} \times 26,52$ €/Stk $= \underline{61,88 \text{ €/Stk}}$.

Zu b) Graphische Ermittlung

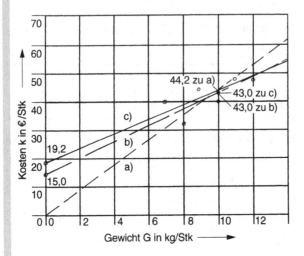

Die gefühlsmäßig durch den Punkthaufen gelegte „Schwerpunktslinie"
schneidet die Abszisse bei etwa 15 €/Stk (dies sind die Fixkosten pro
Stück) und geht bei 10 kg/Stk durch den Punkt (10/43), also um
$(43 - 15)$ €/10 kg = 28,00 € pro 10 kg = 2,80 €/kg ansteigend. Die graphisch ermittelte Gleichung lautet damit

$$k = 15 \frac{€}{\text{Stk}} + 2,80 \frac{€}{\text{kg}} \times G.$$

Die beiden Vergleichsobjekte kosten damit

$$k_6 = (15 + 2,80 \times 6) \text{ €/Stk} = \underline{31,80 \text{ €/Stk}}$$

bzw. $k_{14} = (15 + 2,80 \times 14)$ €/Stk $= \underline{54,20 \text{ €/Stk}}$
(nicht proportional zum Gewicht!).

Zu c) Methode der kleinsten Quadrate

Die Parameter sind bei „mathematischen Rechnern" gleich nach der
Grunddateneingabe ablesbar!
    Die Gleichung der Regressionsgeraden lautet:

$$y = q + b \, (x - z) \quad (= 42 + 2,4 \, x - 2,4 \times 9,5 = 19,20 + 2,40 \, x)$$

$$z = \frac{1}{n} \Sigma \, x \quad\quad (= (1/6) \times 57 = 9,5)$$

$$q = \frac{1}{n} \Sigma y \qquad (= (1/6) \times 252 = 42)$$

$$b = \frac{\Sigma xy - q \Sigma x}{\Sigma x^2 - z \Sigma x} \qquad \left(= \frac{2436 - 42 \times 57}{559 - 9,5 \times 57} = 2,4 \right)$$

Rechenschema

Wertpaar j	Gewicht x kg/Stk	Kosten y €/Stk	x y	x²
1	7	40	280	49
2	8	32	256	64
3	9	44	396	81
4	10	40	400	100
5	11	48	528	121
6	12	48	576	144
Summe	57	252	2436	559

Wertepaare n =

Die Gleichung der Regressionsgeraden lautet damit:

$$k = 19,20 \frac{€}{Stk} + 2,40 \frac{€}{kg} \times G$$

und $k_6 = (19,20 + 2,40 \times 6)$ €/Stk $= \underline{33,60 \text{ €/Stk}}$
bzw. $k_{14} = (19,20 + 2,40 \times 14)$€/Stk $= \underline{52,80 \text{ €/Stk.}}$

Zum Vergleich sind alle drei Lösungen noch einmal zusammengefasst.

Verfahren	Kosten eines Rohteils in €/Stk	
	Gewicht = 6 kg	Gewicht = 14 kg
Pauschale Schätzlösung	26,82	62,58
Graphische Lösung	31,80	54,20
Lösung mit Regressionsgleichung	33,60	52,80

Die drei Ergebnisse sind natürlich unterschiedlich, wobei entsprechend dem Aufwand die dritte Lösung als die „beste" gilt.

Ob jedoch eine Extrapolation über die erfassten Grenzwerte von 7 kg/Stk bzw. 12 kg/Stk erlaubt ist, muss für alle drei Verfahren überprüft werden. Um Kalkulationsgleichungen mit den Lieferanten zu vereinbaren, ist die Anwendung der Regressionsrechnung zu empfehlen, weil nur mit ihr die Einflussgrößen (fix und proportional) zu erfassen sind und die Ableitung der Gleichung mathematisch einwandfrei nachvollziehbar ist.

Sind die einzelnen Einflussgrößen auf die Kosten mit guter Näherung multiplikativ anzusetzen, so dass die Grundgleichung lediglich aus einem Fixkostenanteil (den sog. auftragsfixen Kosten) und den mit positiven oder negativen Exponenten (α, β usw.) versehenen Faktoren abhängt, dann lassen sich die Kostengleichungen leicht herleiten in der Form:

$$\text{Kosten} = k_{fix} + k_0 e_1{}^{\alpha} \cdot e_2{}^{\beta} \cdot e_3{}^{\chi} \ldots \cdot e_n{}^{\nu}$$

Bei einem Presswerkzeug zur vielstufigen Blechumformung ergab sich beispielsweise etwa folgende Kostenfunktion:

$$\text{Kosten} = \left[\left(10\,000 + 60\,000\left(\frac{\text{Volumen}}{\text{m}^3}\right)^{0,56}\left(\frac{\text{Blechdicke}}{\text{mm}}\right)^{-0,20}\right.\right.$$

$$\left.\left.\left(\frac{\text{Aktivfolge}}{\text{Stk}}\right)^{0,25}\right]\frac{\text{€}}{\text{Werkzeug}}\right.$$

Derartige Gleichungen sind zumeist genauer als Schätzungen der Fachleute, wie sie heute bei Vorkalkulationen üblich sind. Sie müssen jedoch immer wieder aktualisiert und den veränderten Technologien und Kostensätzen angepasst werden. Auch ist ein überbetrieblicher Einsatz i. Allg. nicht möglich wegen der individuellen Technik, Technologie und Kostensätze.

3.3.4.2
Multiple Regression

Mit Hilfe der Multiplen Regression lassen sich Parameter ermitteln, die beschreiben, in welchem Zusammenhang eine abhängige Variable (z. B. die Herstellkosten) von mindestens zwei unabhängigen Variablen (z. B. Fertigungslohn und Materialeinzelkosten) steht, wenn genügend große und gut korrelierende statistische Reihen der einzelnen Größen vorliegen, d. h. genügend gute Nachkalkulationen bekannt sind.

Das mathematische Modell der mutiplen Regression lässt sich wie folgt formulieren [27]:

$$y = b_0 + b_1 x_1 + b_2 x_2 + \ldots\ldots\ldots + b_n x_n.$$

Dabei ist y = abhängige Variable
           b_0 = additiver Regressionsexponent
           n = Anzahl der unabhängigen variablen Einflussgrößen
           x_1 bis x_n = unabhängige Variable
           b_1 bis b_n = multiplikative Regressionskoeffizienten.

Wird als Ausgangsgleichung zur Kostenermittlung der multiplikative Ansatz der „Cobb-Douglas-Produktionsfunktion" [28] gewählt, dann führt deren Logarithmierung direkt zu obiger Regressionsgleichung.

Sind nun die Kosten (y) zahlreicher Objekte bekannt, für die obige Gleichung herzuleiten ist, dann lassen sich die einzelnen Regressionskoeffizienten errechnen, wobei folgende Probleme bestehen: Es muss ein mathematisches Modell (z. B. additive oder multiplikative Verknüpfung) vorliegen, welches die Abhängigkeit der Kosten von den Beobachtungsgrößen beschreibt, bevor man die zugehörigen Parameter errechnen kann.

Die tatsächlichen Kosten folgen einer Kostenfunktion meist nicht exakt, sondern sie liegen in einem Streufeld um eine solche Funktion. Somit können auch keine „genauen" Kostenwerte für neue Produkte errechnet werden, sondern nur ein Erwartungswert mit einer hohen Wahrscheinlichkeit. Für die Vorkalkulation reichen jedoch diese Werte vielfach aus.

Beispiel zu 3.3.4.2: Kostengleichung für Kunststoff-Spritzteile

Als Beispiel einer solchen Kostengleichung soll die Kostenermittlung für Kunststoff-Spritzgussteile dienen:

Die Fertigungszeit wird dabei substituiert durch konstruktive Größen wie Wanddicke (Abkühlzeit), Teilegewicht, (Spritzzeit) und durch eine Fixgröße (Zeit für das Schließen und Öffnen der Form). Die drei Zeitanteile ergeben sich also aus den drei konstruktiven Größen Wanddicke, Volumen und Schließweg. Und diese Zeiten schlagen sich in der ersten runden Klammer der untenstehenden Gleichung nieder. Dieser Ansatz lässt sich mit der Multiplen Regression ermitteln. Alle übrigen Faktoren und Summanden, die die Kosten beeinflussen, sind logisch einfach zu durchschauen.

$$k_h = \left[\left(18{,}7 + 12{,}8 \ln \frac{\text{Wanddicke}}{\text{mm}} + 1{,}8 \ln \frac{\text{Teilegewicht}}{\text{g}} \right) \right.$$
$$\left(\frac{\text{Maschinenkosten}}{\text{€/s}} + \frac{\text{Lohnkosten}}{\text{€/s}} \right) \times \frac{\text{Teile/Form}}{\text{Bestückung}}$$
$$\left. + \frac{\text{Formkosten}}{\text{Gesamtproduktion/Stk}} + \frac{\text{Gewicht}}{\text{g/Stk}} \times \frac{\text{Materialpreis}}{\text{€/kg}} \right] \frac{\text{€}}{\text{Stk}}$$

Kalkulationsgleichung für Spritzgussteile (nach Ehrlenspiel) [13]

In obiger Kunststoff-Gleichung sind z. B. die Einflussgrößen Teilegewicht und Wandstärke bei der Gießzeitberechnung nicht mit einem einfachen Faktor zu ermitteln, sondern sie zeigen einen logarithmi-schen Verlauf, was sich in der Endgleichung mit den „Logarithmus ln" niederschlägt. Dagegen geht das Teilegewicht bei der Materialkosten-ermittlung direkt proportional in die Bewertung ein.

Mit Zahlenwerten ergibt dies:

Wanddicke	$= 2\,mm$	
Teilegewicht	$= 2 \times 50\,g/Form$	
Maschinenkosten	$= 120\,€/h$	$= 0,0333\,€/s$
Lohnkosten	$= 24\,€/h$	$= 0,0067\,€/s$
Bestückung	$= 2\,Teile/Form$	
Formkosten	$= 20\,000\,€$	
Gesamtproduktion	$= 2 \times 100\,000\,Stk$	
Gewicht	$= 50\,g/Stk$	
Materialpreis	$= 5,00\,€/kg$	$= 0,005\,€/g$
$k_h = (0,72 + 0,10 + 0,25)\,€/Stk$	$= 1,07\,€/Stk$	

Für Graugussteile ließ der Gießerei-Verband durch Prof. Pacyna [14] eine Kostengleichung nach konstruktiv-technischen Daten ermitteln und von Zeit zu Zeit aktualisieren, und selbst bei ganz komplexen Produkten wie Getrieben und Spindelstöcken konnten durch die Korrelationsrech-nung die Herstellkosten für die Richtpreiskalkulation mit genügender Genauigkeit ermittelt werden, allein ausgehend von konstruktiven Daten.

Der Aufbau der Parameterberechnung ist zwar sehr aufwendig, jedoch stehen heute geeignete Softwareprogramme für den PC zur Ver-fügung, mit denen die Berechnung erleichtert wird. Entsprechende mathematische und technologische Fachkenntnisse für den „Program-mierer" sind jedoch vorausgesetzt.

3.3.4.3
Künstliche Neuronale Netze

Zur Entwicklung von Kalkulationsgleichungen können heute teilweise „künstliche Neuronale Netze" verwendet werden, denen folgende Gedanken zugrunde liegen: Das menschliche Gehirn verarbeitet Informationen in der Hirnrinde, wo etwa 10^{10} Nervenzellen (= Neuronen) mit jeweils etwa 10 000 Verbindungen mit ihren Nachbarzellen verknüpft sind [29] (s. Abb. 49).

Die Verknüpfungen erfolgen über sog. Synapsen (S), die die Fähigkeit haben, zugeführte elektro-chemische Impulse zu übertragen. Diese Impul-

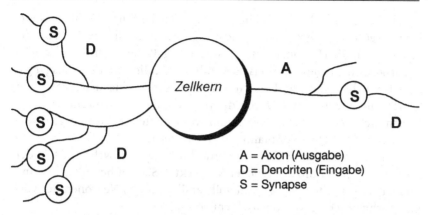

Abb. 49. Nervenzelle mit einigen ihrer Vernetzungen [0b]

se können in den Synapsen geschwächt, gleichgehalten oder verstärkt werden. Übersteigt der von den Eingangsleitungen (Dendriten) ausgelöste Gesamtimpuls einen gewissen Grenzwert, dann gibt die Zelle ihrerseits über eine Ausgangsleitung (Axon) den Reiz weiter an die nachfolgenden zur Verarbeitung notwendigen Nervenzellen. Da die Synapsen ihre hemmende oder verstärkende Wirkung im Laufe ihres Einsatzes verändern können, ergibt sich eine Lernmöglichkeit für das System.

Für die technische Anwendung lässt sich dieses „Nervensystem" etwa in folgender vereinfachter Form als sog. Multi Layer Perception (MLP) nutzen (s. Abb. 50).

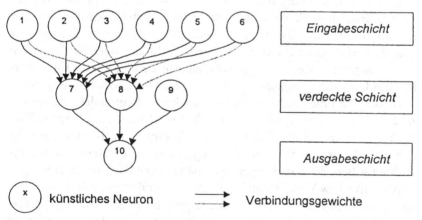

Abb. 50. Künstliches Neuronales Netz mit einer verdeckten Schicht Multi Layer Perzeption der Struktur 5-2-1 [27]

„Die Neuronen 1 bis 5 sind Eingabeneuronen der Eingabeschicht, wobei jedem Neuron eine bestimmte Eingangsgröße zugeordnet ist (z. B. Länge, Breite usw.). Die Neuronen 6 und 9 stellen sog. Biasneuronen dar, welche selbst keinen Eingang aufweisen, sondern ständig mit dem Ausgangssignal 1 belegt sind, und deren Verbindungsgewichte den Fehler der Schicht auffangen sollen. Durch die Nutzung der Biasneuronen vereinfachen sich verschiedene Berechnungsvorschriften. (Für eine genauere Betrachtung wird auf Hoffmann [30] verwiesen).

Die Neuronen 7 und 8 sind sog. verdeckte Neuronen, welche sich in der für den Anwender unzugänglichen verdeckten Schicht befinden. Sie sind im hier dargestellten Netzmodell vollständig mit den Neuronen der vor- und nachgelagerten Neuronenschicht verbunden.

Das Neuron 10 ist hier das einzige Ausgabeneuron, dessen Ausgabewert auch als Netzantwort bezeichnet wird" [27].

Im Rechner kann nun ein solches künstliches Neuronales Netz aufgebaut werden, das in seiner Struktur und seiner Aufbauquantität die vermuteten Abhängigkeitsbeziehungen der einzelnen Kosten-Einflussgrößen beinhaltet. Durch Eingabe einer großen Anzahl von Nachkalkulationswerten mit den jeweils zugehörigen Werten ihrer Einflussfaktoren und Lösungen, kann der Rechner in einem Lernprogramm intern die vorprogrammierten Abhängigkeitsbeziehungen verbessern und ihre Größen quantifizieren bzw. durch mehrere Trainingsläufe optimieren.

Sobald das Netz trainiert und getestet ist, können Kalkulationen einfach vorgenommen werden, indem man das System mit den Werten der Einflussgrößen füttert. Die Eingabeneuronen erhalten nun in dem vorbereiteten Rechnerprogramm die Werte der bekannten Einflussgrößen in normierter Form, und mit Hilfe des impliziten Rechenalgorithmus wird der gesuchte Ausgabewert ermittelt. Dabei werden durch die Biasneuronen Abweichungen vom ausgegebenen Wert abgefangen, die dann im Lernprozess zur kontinuierlichen Adaption des Rechenprogramms an veränderte Verhältnisse führen.

In Bezug auf die Frage, wie nun ein konkretes Neuronales Netz für die Kalkulation komplexer Produkte aufzubauen ist, muss auf die Spezialliteratur verwiesen werden. Es empfiehlt sich, diese Aufgabe einem jungen qualifizierten Informatiker zu übertragen, wobei die Kalkulatoren Hilfestellung geben, denn diejenigen, die später regelmäßig die Rechnungen durchführen bzw. Vorkalkulationen betreiben und diejenigen, die derartige Formeln entwickeln, müssen jeweils ganz unterschiedliche Qualifikationen haben, sonst sind weder diese Mitarbeiter noch das Unternehmen zufriedenzustellen.

„Die für die Kalkulation wichtigste Eigenschaft des Neuronalen Netzes ist seine Generalisierungsfähigkeit, d.h., es ist in der Lage aufgrund von gelernten Zusammenhängen die Ergebnisse von Eingabewerten zu ermitteln, welche nicht in der Lerndatenbank vorhanden sind.

Neuronale Netze stellen zudem ein dynamisches System dar, welches nicht mit starren Kostenfunktionen arbeitet, sondern die entsprechenden Funktionen selbst in der Datenbank entdeckt. Dies macht den Einsatz besonders attraktiv, da nach technologischen Veränderungen im Konstruktions- und Fertigungsbereich nicht ständig neue Kostenanalysen durchgeführt werden müssen.

Ein klarer Vorteil ist auch die Robustheit, die ein Netz aufweist, da fehlerhafte Daten verarbeitet werden können, was nur zu einer allmählichen Verschlechterung führt. Es lassen sich auch nicht-lineare Zusammenhänge modellieren, was bedeutet, dass sich Imputfaktoren nicht nur additiv oder multiplikativ auf die Outputgrößen auswirken können, was somit zu beliebigen Funktionsverläufen führen kann. Die Auswirkungen der Kosteneinflüsse müssen also keinem monotonen Trend folgen.

Das Neuronale Netz kann auch unstetige Kostenfunktionen verarbeiten, ohne dass dazu eine getrennte Analyse der jeweiligen Kostenbereiche nötig wird. Dieser Vorteil wird dann deutlich, wenn z.B. aufgrund von geringeren Toleranzen auf andere Fertigungstechnologien übergegangen werden muss oder durch Unstetigkeiten im Fertigungsverfahren Bearbeitungszeitsprünge zu erwarten sind.

Das Neuronale Netz versucht im Lernverlauf die absolute Abweichung zwischen Soll- und Ist-Ausgabe zu minimieren. Eine absolute Differenz wirkt sich im unteren Kostenbereich jedoch stärker aus als bei hohen Kosten. Deshalb sind besonders bei Werkzeugen mit geringen Kosten prozentual große Abweichungen zwischen den ermittelten und den tatsächlichen Werten zu beobachten" [27].

Vorgehen:

Zur Implementation eines Kalkulationssystems auf Grundlage Neuronaler Netze haben Büttner, Kohlhase und Birkhofer [31] ein Vorgehen in fünf Schritten vorgeschlagen:

1. Planen des Kalkulationssystems
   - Welche Objekte und welche Zielgrößen sind zu erfassen?
2. Konzipieren des Kalkulationssystems
   - Welche Daten werden gebraucht und stehen zur Verfügung?
   - Wie sind diese verknüpft?

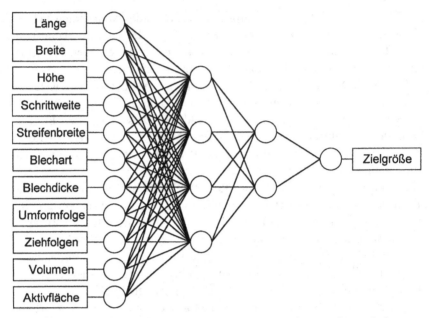

Abb. 51. Ermittelte Netzstruktur für ein komplexes, vielstufiges Werkzeug [27]

3. Entwerfen des Neuronalen Netzes
   – Darstellen der MLP-Struktur
4. Trainieren des Neuronalen Netzes + evt. Abwandeln
   – anhand von gesammelten, normalisierten Erfahrungswerten (Nach-
     kalkulationen)
5. Testen und Implementieren des Kalkulationssystems im Unternehmen

Für die Kalkulation der bereits angesprochenen Presswerkzeuge ergab
sich eine vierschichtige Netzstruktur, die 11 konstruktive Einflussgrößen
zur Kostenermittlung vorsah. Das Netz hat zwei Zwischenschichten und
ein Ausgabeneuron. In den ersten drei Schichten ist je ein Biasneuron erforderlich (s. Abb. 51).

Einige spezifische Probleme sind nun noch zu beachten, bevor die Entscheidung zur Einführung Neuronaler Netze zur Generierung von „Kalkulationsgleichungen" getroffen wird:

Der einmalige Aufwand für den Aufbau derartiger Kalkulationshilfen
ist erheblich. Die beispielhaft erwähnte Kalkulation für komplexe Presswerkzeuge wurde im Rahmen einer halbjährigen Diplomarbeit von einem

in neuronalen Netzen geschulten, qualifizierten Diplomanden mit guter Unterstützung in einem Großbetrieb entwickelt.

Auch, wenn künftig in der Literatur oder von freien Programmierern entsprechende Vorkalkulationsprogramme angeboten werden, wird es immer noch einigen Aufwand bringen, die Programme an die Randbedingungen der eigenen Produkte bzw. an eigene Erfahrungswerte anzupassen:

Zunächst muss eine geeignete Netzstruktur aufgespürt werden, die die Kostenentstehung gut simulieren lässt. Dann sind die Lernparameter aus den normierten Erfahrungswerten früherer Kalkulationen auszuwählen und zu testen. Bei den Trainingsläufen können Effekte auftreten, wie das „Hängenbleiben in einem lokalen Fehlerminimum" oder „Oszillationen um den Optimalwert" bei zu großen Lernfaktoren. Hier muss der Fachmann weiterhelfen.

Ist einmal ein Programm mit Neuronalen Netzen für die Kalkulation entwickelt und an die eigenen Belange angepasst und trainiert, dann kann die einzelne Kalkulation durch Eingabe der jeweiligen Einflussgrössen des neuen Objekts in wenigen Minuten erledigt sein. Das Einspielen der neuen Daten zur Programmaktualisierung kann jedoch, je nach Rechner, einige Minuten beanspruchen.

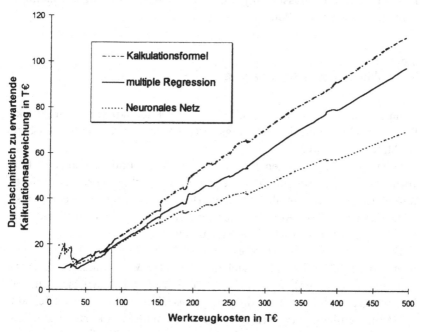

Abb. 52. Kalkulationsabweichungen von Werkzeugkosten im Kostenverlauf [27]

Der Vergleich der Ergebnisse einiger Kalkulationen mit den (auch oft von Zufällen abhängenden) Nachkalkulationswerten bringt nach Barth [27] folgende, zusammengefasste Ergebnisse (Abb. 52):

„1. Das Kostenmodell mit der multiplen Regression zeigt sich über den gesamten Kostenbereich gegenüber dem Modell der sukzessiv ermittelten Kostenfunktion überlegen.

2. Das Neuronale Netz bildet ab Werkzeugkosten von ca. 80 000 € die Zusammenhänge der Eingabe- und Ausgabendaten besser ab.

3. Der Kostenbereich bis 80 000 € wird durch das Verfahren der multiplen Regression deutlich besser erfasst. (Die senkrechte Linie markiert den Schnittpunkt der gemittelten Abweichungen von multipler Regression und Neuronalem Netz.)

4. Die Kalkulationsqualität des einfachen Kostenmodells ist gegenüber den beiden anderen Verfahren durchweg geringer."

„Das schlechte Abschneiden des Neuronalen Netzes im unteren Kostenbereich ist dadurch begründet, dass das Verfahren versucht, die absolute Ergebnisabweichung über den ganzen Wertebereich zu minimieren" [27]. Diese Schwachstelle lässt sich jedoch bei der Beschränkung auf kleinere Wertebereiche ausschalten.

3.4
Technologieorientierte Verfahren

Voraussetzung für technologisch orientierte Kalkulationen sind: Stücklisten, Arbeitspläne mit Fertigungszeiten sowie realistische Kostensätze für Materialien und Zeiten.

Sobald die Zeichnungen mit Werkstoff-, Maß- und Toleranzangaben vorliegen, können Fertigungspläne erstellt und technologisch orientierte Kalkulationen durchgeführt werden. Die Generierung der Fertigungspläne kann über EDV-Anlagen oder konventionell erfolgen, der Ausdruck der Fertigungspläne geschieht heute zumeist mit EDV.

Die einzelnen Verfahren wie Zuschlagskalkulation auf Kostenstellen oder Kostenplätze bezogen (vielfach auch als Maschinenstundensatzrechnung bezeichnet) oder spezielle Verfahren, bei denen ein Teil der Fertigungsgemeinkosten auf die Fertigungszeiten und der zweite Teil auf die Maschinenlaufzeiten verrechnet wird, sollen hier nur kurz besprochen werden, da diese Verfahren der Kostenrechnung individuell in den einzelnen Unternehmen gehandhabt werden, i. Allg. dort bekannt und in betrieblichen Richtlinien festgehalten sind. Die grundsätzliche Vorgehensweise ist jedoch nachfolgend dargestellt.

Beispiel zu 3.4: Technologische Kalkulation für Maschinentisch

Aus den vorliegenden Daten für den Maschinentisch (siehe Beispiel zu 3.2.1 b) lässt sich die nachfolgende „technologische Kalkulation" erstellen. Hierbei sind die Ausgangswerte für die Kostenermittlung das Rohteilgewicht mit den spezifischen Materialkosten und die Fertigungszeit mit den Daten aus der Summenzeile des vorhergehenden Aufgabenteils.

Umfang		Material	
Benennung	Einheit	Grauguss	Aluminiumguss
Wichte ρ	kg/dm³	7,20	2,70
Rohteilgewicht	kg/Stk	$60,66 \times 7,2 = 436,8$	$60,66 \times 2,70 = 163,8$
Spezifische Kosten	€/kg	$4440 : 1200 = 3,70$	$8550 : 450 = 19,00$
Rohteilkosten	€/Stk	$436,8 \times 3,70 = 1616$	$163,8 \times 19 = 3112$
Bearbeitungszeit	min/Stk	$(1,84/1,70) \times 2625 = 2841$	$(1,84/1,70) \times 1556 = 1684$
Kostensatz	€/min	$14289 : 8925 = 1,60$	$9520 : 5689 = 1,80$
Bearbeitungskosten	€/Stk	$1,60 \times 2841 = 4546$	$1,80 \times 1684 = 3031$
Herstellkosten	€/Stk	6162	6143

Die technologische Kalkulation für die zwei Varianten zeigt fast gleich hohe Herstellkosten.

3.4.1
Divisionskalkulation

Sind die Leistungen eines Unternehmens in *einer* Einheit zu messen wie Stück, t, kg, m² und sind die Kostenverhältnisse zwischen den Leistungseinheiten konstant oder in einem festen Verhältnis, dann kann die Divisionskalkulation oder die Äquivalenzziffernkalkulation angewandt werden.

a) Einfache Divisionskalkulation

Bei Einproduktfertigung lassen sich die Kosten je Einheit (k_a) aus den Gesamtkosten der Periode und der Produktionsmenge der Periode errechnen zu:

$$k_a = \frac{\text{Gesamtkosten der Periode}}{\text{Produktionsmenge der Periode}} \cdot$$

Einsatzgebiet: Einproduktunternehmen, Fertigungslinien o.ä.

b) Äquivalenzziffernkalkulation

Fertigt ein Unternehmen mehrere Produkte, deren Kosten jedoch in einem zu ermittelnden Verhältnis zueinander stehen, lässt sich die Äquivalenzziffernkalkulation einsetzen. Die Grundkosten k_f ergeben sich dabei nach folgender Beziehung:

$$k_f = \frac{\text{Gesamtkosten der Periode}}{L_1 q_1 + L_2 q_2 + \dots + \dots + L_n q_n}$$

und die Kosten k_{fi} der einzelnen Produkte i

$$k_{fi} = q_i \, k_f.$$

Hierbei sind folgende Ansätz erforderlich:

L_i = Produktionsmenge des Produkts i in der Periode

$$q_i = \text{Äquivalenzziffer} = \frac{\text{Kosten i}}{\text{Produktionsmenge i}} \cdot$$

Der Kostenfaktor k_f erhält den Wert 1, wenn die Gesamtkosten dem bei der Bestimmung der Äquivalenzziffern angesetzten Wert entsprechen und die einzelnen Produkte genau die vorgeplanten Äquivalenzziffern rechtfertigen. Bei Abweichungen von den Soll-Werten variiert der Faktor um den Wert 1.

Einsatzgebiet: Unternehmen mit wenigen gleichartigen Produkten mit festem Kostenverhältnis (Mühlen, Sägewerke, Steinwerke, Zementfabriken usw.)

3.4.2
EDV-generierte Zeit- und Kostenrechnung

In zahlreichen Unternehmen laufen heute Arbeiten, um Fertigungspläne mit Hilfe von EDV-Anlagen direkt durch Eingabe von Zeichnungsdaten zu erstellen. Aus diesen Fertigungsplänen, in Verbindung mit Maschinenkostendaten, die Fertigungskosten der Teile zu ermitteln, ist lediglich als Programmergänzung anzusehen.

Der heute übliche Weg bei der Aktualisierung von Produkten, bei der Entwicklung und Planung von Varianten und selbst bei Weiter- und Neuentwicklung geht von Vergleichsobjekten aus. Statt mit der „Mittellinie" fängt heute der Konstrukteur mit dem Aufrufen eines „Vorgängertyps" auf seinem Bildschirm an, oder er sucht ein ähnliches Teil, das durch Abwandeln viel schneller zu einer Lösung führt als ein Neubeginn. Liegt einer Neukonstruktion ein Vergleichsobjekt zugrunde, hat auch der Arbeitsvorbereiter schon einen Arbeitsplan, den er nur anpassen, statt neu erstellen muss. Dadurch sind zahlreiche Fehler, die bei der Ersterstellung entstehen können, vermieden. Aber Schwachstellen der bisherigen Lösung im Hinblick auf Technik und Technologie, die vielleicht bei einer Neubearbeitung vermieden würden, werden auch künftig übernommen.

Der Einsatz EDV-generierter Zeit- und Kostenrechnungen wird auf lange Sicht überall dort die eigentliche Form der Begleitkalkulation darstellen, wo schon so viele konstruktive Daten vorliegen, dass nach Routinen eine Arbeitsplanung denkbar ist, wo eventuell im Dialog der technologische Ablauf festzulegen ist und wo vom EDV-Programm Spanaufteilungen und Schnittdatenoptimierungen berechnet werden. Da durch diese Arbeit die manuelle Erstellung der Fertigungspläne einzusparen oder zumindest wesentlich zu vereinfachen ist, wird diese Form der Zeit- und Kostenrechnung sich wirtschaftlich leicht durchsetzen, wo derartige Arbeiten oft vorkommen. Wellen, Flansche und Gehäuse, bearbeitet in den konventionellen Verfahren wie Sägen, Drehen, Fräsen, Bohren, Schleifen usw. werden so geplant. Nicht die Vorkalkulation oder die Ansätze zur Begleitkalkulation werden durch die EDV-generierten Arbeitspläne den großen Nutzen ziehen, sondern vor allem die Arbeitsplanung und die Nachkalkulation. Arbeiten in dieser Richtung sind sicher interessant, da die Kalkulationsentwicklung bestimmt diesen Weg gehen wird.

Beispiele: Wellen, Zahnräder, Getriebekästen, aber auch Textilien, Wäsche, Vorhänge und ähnliche Näharbeiten oder Leiterplatten und andere Standardprodukte.

3.4.3
Zuschlagskalkulation auf Kostenstellenbasis

Für die Zuschlagskalkulation gilt das bekannte Kostengliederungs-schema. Die Fertigungszeiten als Personalzeiten oder Maschinenzeiten bilden die Grundlage für die Errechnung der Fertigungseinzelkosten (Fertigungslohn oder Platzkosten), auf die die Fertigungsgemeinkosten (eventuell als Restgemeinkosten) prozentual zugeschlagen werden. Die zweite Zuschlagsbasis sind üblicherweise die Materialeinzelkosten. Für die Herstellkosten 1 (k_{h1}), die vorwiegend den Entwickler interessieren, gilt die Beziehung:

$$k_{h1} = \Sigma\, k_{fe}\,(1 + g_f) + \Sigma\, k_{me}\,(1 + g_m) \text{ oder}$$
$$k_{h1} = \Sigma\, L\,(1 + g_f) + \Sigma\, k_{me}\,(1 + g_m)$$

mit

k_{fe} = Fertigungseinzelkosten (z.B. Fertigungslohn oder Platzkosten etwa als Maschinenkosten)

und

g_f = Fertigungsgemeinkostensatz
k_{me} = Materialeinzelkosten
g_m = Materialgemeinkostensatz
L = Fertigungslohn.

Die Fertigungszeiten sind den Arbeitsplänen entnommen, die Lohn- und Gemeinkostensätze von der Betriebsabrechnung im Betriebsabrech-nungsbogen (BAB) ermittelt, der Materialbedarf folgt aus den Stücklisten (oder Arbeitsplänen) und die Materialkosten zeigen die Preislisten des Einkaufs. Heute sind die Gemeinkosten zumeist unterteilt in fixe und variable Anteile, um Teilkostenrechnungen bzw. Deckungsbeitragsrech-nungen erstellen zu können.

Die Zuschlagskalkulation, die eine Fertigungsplanung mit Zeiten-ermittlung voraussetzt, erfasst die Fertigungszeiten auf Kostenstellen bezogen. Bei homogenen Kostenstellen oder, wenn die Produkte einheit-lich die verschiedenen Fertigungsstellen durchlaufen, erfolgt dabei auch eine verursachungsgerechte Kostenzuteilung.

Auch bei Erzeugnissen, die aus vielen Einzelteilen bestehen, deren Fer-tigung die Fertigungsstellen etwa durchschnittlich beanspruchen, kann damit gerechnet werden, dass ein Kostenausgleich erfolgt, so dass die Erzeugniskosten etwa gleich der Summe der Teile- und Montagekosten

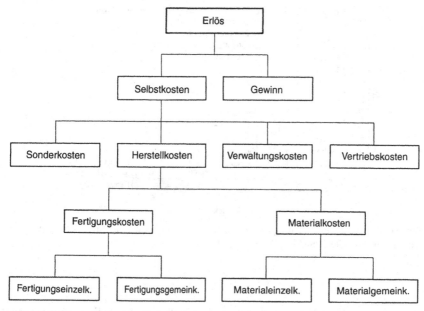

Abb. 53. Erlös- und Kostengliederung

sind. Damit kann in diesen Fällen die Zuschlagskalkulation auch für detaillierte Kostenvergleiche eingesetzt werden.

Bei inhomogenen Kostenstellen und verschiedenartigem Fertigungsdurchlauf sind jedoch Kostenvergleiche auf der Basis von Zuschlagskalkulationen fragwürdig. Hier müssen oftmals Platzkostenrechnungen oder erweiterte Einzelkostenrechnungen herangezogen werden.

Abbildung 54 zeigt die relativen Fertigungskosten (= Fertigungskosten/Fertigungslohn) von 5 Werkstücken, die aus Platzgründen in einer Kostenstelle bearbeitet wurden, jedoch nach ganz unterschiedlichen Technologien.

Von einfacher Montagearbeit, die nur 100 bis 200% Gemeinkosten verursacht, über Sonder- und Zahnradfertigung, bis zur Bearbeitung auf einer Transferstraße mit 1100% bis 1500% Gemeinkosten (ca. 300 €/h bis 400 €/h) werden nach der Kostenstellenrechnung gleiche Verrechnungssätze mit 500% (bzw. 150 €/h) angesetzt, was im Mittelwert zwar stimmt, für den einzelnen Arbeitsvorgang bzw. für das Einzelteil jedoch völlig falsche Werte ergibt.

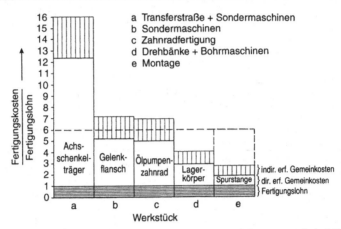

Abb. 54. Problem der Zuschlagskalkulation (- - - = Verrechnungssatz) bei Betriebsmitteln unterschiedlicher Kapitalintensität

Für derartige Untersuchungen müssen die Kostenstellen homogenisiert oder verkleinert werden. Die Platzkostenkalkulation kann hier Abhilfe schaffen.

Um die Ermittlung der Gemeinkostensätze aufzuzeigen, ist ein vereinfachter, teilausgefüllter Betriebsabrechnungsbogen eines Holzbearbeitungsbetriebs ohne eigene Entwicklung aufgezeigt.

Der BAB zeigt nach rechts, die einzelnen Kostenstellen (= Orte der Kostenentstehung) des Unternehmens, gegliedert in die Gruppen:

I   Allgemeine Kostenstellen: Diese sind für alle anderen Kostenstellen zuständig.

II Fertigungshauptstellen: In diesen werden vor allem die Erzeugnisse bearbeitet und dort allein fällt Fertigungslohn an.

III Fertigungshilfsstellen: Diese sind vorwiegend für die Fertigungshauptstellen zuständig, weshalb ihre meisten Kosten dorthin umgelegt werden.

IV Materialhilfsstellen: Ihre Kosten werden nicht der Fertigung, sondern dem Material angelastet.

V   Vertrieb: Die Vertriebskosten werden direkt oder über den herstellkostenbezogenen Vertriebsgemeinkostensatz den Erzeugnissen angelastet.

VI Verwaltung: Auch diese Kosten werden den Herstellkosten zugeschlagen und so auf die Erzeugniskosten „abgewälzt".

Kostenstellengruppen (Spaltenüberschriften): I Allgem. Kst. · II Fertigungshauptstellen · III Fertg.-Hilfsst. · IV Mat.-Hilfsst. · V Vertrieb · VI Verwaltg.

Kostenarten (Zeilen):

Nr.	Kostenarten
1	Fläche (m²)
2	Personenzahl
3	Gehälter
4	Hilfslöhne
5	Sozialleistungen
6	Sonst. Personalk.
7	Hilfsmaterial
8	Werkzeuge
9	Instandhaltung
10	Strom, Wasser usw.
11	Post- und Frachtk.
12	Reisekosten
13	Vertreter-Verb.
14	Prämien
15	Lizenzen
16	Steuern
17	Versicherungen
18	Zinsen
19	Abschreibung
20	Innerbetriebl.Leist.verr.
21	Summe 2-20
22	Grundst. u. Geb.
23	Heizung u. Env.
24	Sozialeinr.
25	Summe 22-24
26	Betriebsleitung
27	AV. u. Konstrukt.
28	Lohnbüro
29	Schärferei, Schl.
30	Modellbau
31	Summe 26-30
32	Fert.Gem.K. 21+25+31
33	Fertigungslöhne
34	Fertigungskosten
35	Fert.Gemk.-Zuschlag %

Materialkosten / Mat.gem.ink.zuschlag %

HEK = 2893   MGK = 240   FEK = 607   FGK = 2391   HK = 6057

MK = 3409   FK = 2350

Zu 3.4.3.1 (siehe Seite 122)

3.4.3.1
Auswertungen des Betriebsabrechnungsbogens (siehe Seite 121)

In der Kopfspalte des BAB sind zunächst einige Umlageschlüssel und dann die Kostenarten (= Welche Kosten sind entstanden?) notiert. Anschließend folgt eine Anzahl Zeilen, die der Kostenumlage dienen, sowie eine Folge von Zeilen zur Kennzahlenermittlung.

Im Matrixfeld werden zuerst die direkt zurechenbaren Kosten nach Kostenstellen und Kostenarten gesammelt. In diesem Block ist das „Verursachungsprinzip" für die Kostenverteilung noch einigermaßen gewahrt.

(1)   Anschließend können die Kosten der „Allgemeinen Kostenstellen", nach einem zuvor festgelegten Umlageschlüssel, nach dem „Stufenleiterverfahren" auf alle nachfolgenden Kostenstellen verteilt werden (vergl. Seite 121 Zeile 22 bis 24 und Seite 123 1a) bis c).

(2)   Die Kosten der Fertigungshilfsstellen werden üblicherweise nur den Fertigungshauptstellen belastet.

(3a)   Sind die Fertigungsgemeinkosten aller Fertigungshauptstellen erfasst, können die Fertigungseinzelkosten, meistens der Fertigungslohn, eingetragen und die Fertigungsgemeinkostensätze bzw. Fertigungskostensätze errechnet werden.

(3b)   Die Kosten der Materialhilfsstellen werden nur auf die verschiedenen Materialarten umgelegt und hieraus werden die Materialgemeinsätze errechnet.

(3c+d)   Schließlich werden die Vertriebs- und Verwaltungskosten gesammelt, und, wenn die Herstellkosten zusammengefasst sind, können die Vw+Vt-Gemeinkostenprozentsätze hierzu ermittelt werden.

> **Beispiel zu 3.4.3.1: Auswertung des Betriebsabrechnungsbogens**
>
> 1. Umlage der Allgemeinen Kostenstellen nach dem Stufenleiterverfahren:
>   (Ganz links beginnend werden alle Kosten der Allgemeinen Kostenstellen nach einem Schlüssel auf alle rechtsliegenden Kostenstellen verteilt. Bereits abgeschlossene Kostenstellen können nicht mehr belastet werden).
>
> $$\text{Verrechnungssatz} = \frac{\Sigma \text{ der Kostenstellenkosten}}{\Sigma \text{ erfassbarer Bezugseinheiten}}.$$
>
> Verrechnungskosten = Verrechnungssatz × Bezugseinheiten.

Beispiele:

1. Umlage der Allgemeinen Kostenstellen

   a) Grundstück und Gebäude

   $$\text{Verrechnungssatz} = \frac{41000 \text{ €}}{4700 \text{ m}^2} = 8,6134 \ \frac{\text{€}}{\text{m}^2}.$$

   $$\text{Verrechnungskosten} = 8,6134 \ \frac{\text{€}}{\text{m}^2} \ 120 \text{ m}^2 = 103,61\text{€} \rightarrow 1 \text{ T€}$$
   für Heizung.

   (Alle Werte wurden in dem Beispiel auf volle T€ auf- oder abgerundet!)

   b) Heizung und Energieversorgung

   $$\text{Verrechnungssatz} = \frac{(28\,000 + 1\,000) \text{ €}}{(4760 - 120) \text{ m}^2} = 6,2500 \ \frac{\text{€}}{\text{m}^2}.$$

   $$\text{Verrechnungskosten} = 6,2500 \ \frac{\text{€}}{\text{m}^2} \times 60 \text{ m}^2 = 375,00 \text{ €} \rightarrow 0 \text{ T€}$$
   Sozialeinrichtung

   c) Sozialeinrichtungen

   $$\text{Verrechnungssatz} = \frac{(18\,000 + 1\,000) \text{ €}}{(293 - 6) \text{ Pers.}} = 66,20 \ \frac{\text{€}}{\text{Pers.}}.$$

   $$\text{Verrechnungskosten} = 66,20 \ \frac{\text{€}}{\text{Pers}} \times 36 \text{ Pers.} = 2383 \text{ €} \rightarrow 2 \text{ T€}$$
   Maschinen-Gruppe I

2. Umlage der Fertigungshilfsstellen nach Schlüssel

   a) Betriebsleitung, Arbeitsvorbereitung und Lohnbüro nach Personen bzw. Arbeiter,
   b) Schärferei nach Schärfarbeitsanfall (geschätzt),
   c) Modellbau direkt auf Modelle, Rest nach Personen.

3. Ermittlung der Gemeinkostensätze

   a) Fertigungsgemeinkostensatz

   $$\text{FGK-Satz} = \frac{\Sigma \text{ Fertigungsgemeinkosten}}{\Sigma \text{ Fertigungslöhne}} = \frac{2341 \text{ T€}}{609 \text{ T€}} \times 100\,\% = 384\,\%.$$

   b) Materialgemeinkostensatz

   $$\text{Mgk-Satz} = \frac{\Sigma \text{ Materialgemeinkosten}}{\Sigma \text{ Materialeinzelkosten}} = \frac{210 \text{ T€}}{2899 \text{ T€}} \times 100\,\% = 7,1\,\%.$$

c) Verwaltungsgemeinkostensatz

$$\text{Vw-Satz} \frac{\Sigma \text{ Verwaltungsgemeinkosten}}{\Sigma \text{ Herstellkosten}} = \frac{588 \text{ T€}}{6059 \text{ T€}} \times 100\,\% = 9{,}7\,\%$$

d) Vertriebsgemeinkostensatz

$$\text{Vt-Satz} = \frac{\Sigma \text{ Vertriebsgemeinkosten}}{\Sigma \text{ Herstellkosten}} = \frac{745 \text{ T€}}{6059 \text{ T€}} \times 100\,\% = 12{,}3\,\%$$

3.4.3.2
BAB mit Gesamtkosten und variablen Kosten

Abbildung 55 zeigt das Grundschema eines BAB, in dem für die einzelnen Kostenarten stets 2 Felder vorgesehen sind, die Felder mit g als Überschrift zeigen die gesamten Kosten (Vollkosten), die mit v den geschätzten Anteil enthaltener variabler Kosten an.

Damit kann bei geringem Mehraufwand zur Kostencharaktisierung der jeweilige Gemeinkostensatz der Vollkosten und der variablen Kosten ermittelt werden. Die Differenz der variablen zu den vollen Kosten zeigt den Fixkostenblock, der heute bei vielen Rationalisierungsaufgaben von besonderer Bedeutung ist und für alle Auslastungüberlegungen (Break

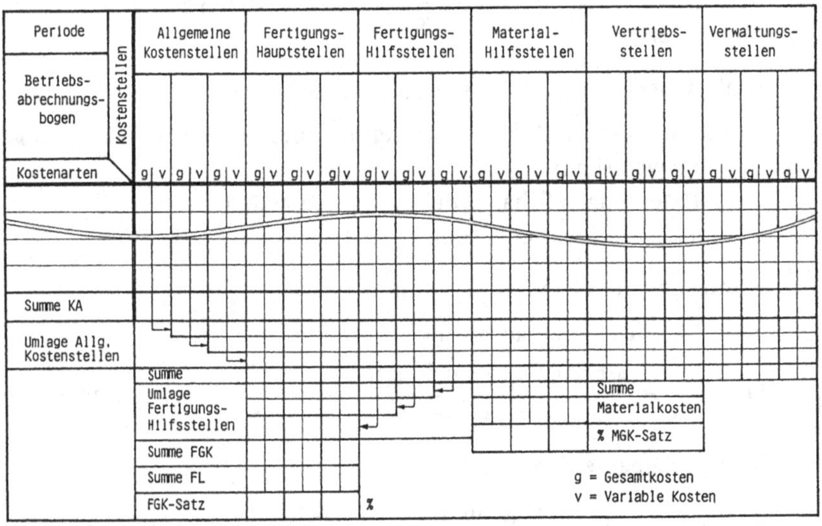

Abb. 55. Schema für BAB mit Gesamtkosten und variablen Kosten

even point-Betrachtungen usw.) auch auf einzelne Kostenstellen bezogen
bekannt sein muss.

Anstelle des „zweispaltigen BAB" kann auch ein zweites BAB-Blatt
verwendet werden, in das nur die variablen Kosten eingetragen werden.
Dadurch wird der BAB handlicher und Spaltenvergleiche sind doch nur
selten von Bedeutung.

**Beispiel zu 3.4.3.2: Kostenstellen-Zuschlagskalkulation
für Maschinentisch**

Die Zuschlagskalkulationen werden heute üblicherweise mit einem
EDV-Programm gerechnet, das auf einem Tabellenkalkulationspro-
gramm aufbaut. Dort sind die ganzen Stammdaten schon eingegeben,
wie Lohnsätze, Gemeinkostensätze, bestimmte Materialeinzelkosten
sowie die gesamten Gleichungen für die Kostenaddition usw. Damit
brauchen nur noch die speziellen Daten eingegeben bzw. übernommen
zu werden, wie Fertigungszeiten in den einzelnen Kostenstellen, Stücklisten u. ä.

Damit lang- und kurzfristige Überlegungen von den Kalkulationen
abzuleiten sind, sind die variablen und die Vollkosten erfasst, was rechnerisch kaum Mehraufwand bedeutet. Das unten dargestellte Kalkula-
tionsformular zeigt die Basiswerte und die Rechengleichungen in einer
Spalte sowie die auftragsspezifischen Daten in einer zweiten Spalte.
So können in den letzten beiden Spalten die variablen und die
vollen Kosten ermittelt werden und daraus ein Richtpreis sowie ein
Mindestpreis (im Bedarfsfall mit Mehrwertsteuer) errechnet werden.
Ferner wird mit dem „Richtpreis-Deckungsbeitrag" aufgezeigt,
welchen Deckungsbeitrag das Produkt ergibt, wenn auf dem Markt der
Richtpreis bezahlt wird (vergl. Seite 126).

Ergebnis: Der Deckungsbeitrag, den der Richtpreis „einspielen" würde,
nämlich 3251,– € ist 4,3 mal so hoch wie der „Nettogewinn" vor Steuer.
(Im Durchschnitt des Maschinenbaus ist dies etwa das Dreifache des
Nettogewinns.)

Schema für progressive Kalkulation

Firma:	Kalkulation Nr.: 145 / 2000
Werk:	Benennung: Frästisch
Bearbeiter:	Modell Nr.: Siehe Zeichn.
Datum:	Programm: Sonderprogramm 2000

Nr.	Benennung	Berechnungs-gleichung oder Einheit	Auftrags-daten	Kosten in €/Stk var	voll
1	Fertigungslohn (Kstst 110 Fräserei)	25,25 €/h	28,1 h	710	710
2	Fertigungsgemeinkost. (var/gesamt)	140/320 %	BAB	994	2272
3	Fertigungslohn (Kstst 112 Verputzerei)	23,10 €/h	16,2 h	374	374
4	Fertigungsgemeinkost. (var/gesamt)	120/260 %	BAB	449	972
5	Fertigungskosten	(1) bis (4)	Summe	2527	4328
6	Materialeinzelkosten	Stückliste + Preisliste	1550	1550	1550
7	Materialgemeinkosten	3/8 % von (6)	BAB	47	124
8	Herstellkosten 1	(5) bis (7)	Summe	4124	6002
9	Sonderkosten	Auftrag	116**	116	116
10	Herstellkosten 2	(8) + (9)	Summe	4240	6118
11	Verwaltungs- und Vertriebskosten	2/12 % von $(10)_{voll}$	BAB	122	734
12	Selbstkosten	(10) + (11)	Summe	4362	6852
13	Kalk. Gewinn $\dfrac{10\% \text{v.}(12)}{(100-10)\%}$ 10 % vom Richtpreis	$\dfrac{0,10 \cdot (12)}{(100-10)\%}$	–	761
14	Richtpreis netto	(12) + (13)	Summe	4362	7613
15	Mehrwertsteuer	15 % von (14)	$0,15 \cdot (14)$	654	1142
16	Richtpreis brutto	(14) + (15)	Summe	5016	8755
17	Richtpreis			–	8755
18	Mindestpreis			5016	–
19	Richtpreis-Deckungs-beitrag			3251	$4,3 \cdot (13)$
20	** Modellkosten = 11600 € für 5 · 20 Stk = 116 €/Stk				

	Begutachtet	Geprüft	Genehmigt

Name
Datum

* Verwaltungs- und Vertriebsgemeinkosten sind stets auf „volle Herstellkosten" bezogen.

Beispiel zu 3.4.3: Zuschlagskalkulation (Retrograde Rechnung)

Liegen für die Erzeugnisse Marktpreise vor, die von Fachleuten qualifiziert abzuschätzen sind, können von diesen Marktpreisen die zulässigen Kosten retrograd, also rückschreitend berechnet werden. Am Beispiel der Schuhkalkulationen soll dies aufgezeigt werden. Hierbei sind Grenzkosten, Deckungsbeitrag je Paar und Serie sowie Vollkosten und Durchschnittsgewinn zu ermitteln.

Schema für retrograde Kalkulation

Firma:	Kalkulation Nr.: 147 / 2000
Werk:	Benennung: Herbert
Bearbeiter:	Modell Nr.: 326/3
Datum:	Programm: HW 2000

Nr.	Benennung	Berechnungsgleichung oder Einheit	Variante 1 in €/Paar
1	Bruttoerlös (ohne Mehrwertsteuer)	Eingabe	90,40
2	Erlösabhängige Kosten (Prov., Fracht)	6,2 % von (1)	5,60
3	Nettoerlös	(1) – (2)	84,80
4	Fertigungslohn	Arbeitsplan + Lohnliste	8,24
5	Variable Fertigungsgemeinkosten	90 % von (4)	7,42
6	Materialeinzelkosten	Stückliste	40,24
7	Variable Materialgemeinkosten	3,2 % von (6)	1,29
8	Variable Herstellkosten	(4) + (5) + (6) + (7)	57,19
9	Deckungsbeitrag	(3) – (8)	27,61
10	Fixe Fertigungsgemeinkosten	142 % von (4)	11,70
11	Fixe Materialgemeinkosten	2,5 % von (6)	1,01
12	Herstellkosten	(8) + (10) + (11)	69,90
13	Verwaltungs- und Vertriebskosten	16 % von (12)	11,18
14	Selbstkosten	(12) + (13)	81,08
15	Gewinn	(3) – (14)	3,72
16	Gesamtauflage	in Paar (Eingabe)	5000
17	Gesamtdeckungbeitrag	in € (9) · (16)	138050
18	Gesamtgewinn	in € (15) · (16)	18600
19	Spezifischer Deckungsbeitrag	in € DB/€ FL	3,35
20	Bemerkungen: Der spezifische Deckungsbeitrag ist sehr günstig!		

	Begutachtet	Geprüft	Genehmigt
Name			
Datum			

Ergebnis:

Für die 5000 Paar dieses Modells sind 138 T€ Deckungsbeitrag bzw. 18 T€ Nettogewinn zu erwarten. Der spezifische Deckungsbeitrag errechnet sich zu (27,61 : 8,24) € Deckungsbeitrag je € Fertigungslohn. (Meistens wird er auf die Fertigungszeit verrechnet!)

3.4.4
Platzkostenkalkulation – Maschinenstundensatzrechnung

Bei der Platzkostenkalkulation werden nicht die Fertigungszeit t_e des Menschen, sondern die Betriebsmittel-Belegungszeiten t_{eB} des betrachteten Arbeitsplatzes der Kostenrechnung zugrunde gelegt und für jeden Arbeitsplatz oder für jede Maschine wird ein eigener Kostensatz ermittelt. In diesem Kostensatz ist, je nach Betrieb, entweder der Lohn für die Bedienung schon enthalten oder der Lohnsatz wird außerhalb der Platzkosten verrechnet. Die Materialkosten werden hier gleich behandelt wie bei der auf Fertigungszeiten basierenden Kostenstellen-Zuschlagskalkulation.

Damit lautet die Grundgliederung für die Platzkostenrechnung entweder:

$$k_{h1} = \Sigma\, t_{eBi}\, p'_{Bi} + \Sigma\, k_{me}(1 + g_m)$$

oder

$$k_{h1} = \Sigma\, t_{eBi}\, p_{Bi} + \Sigma\, t_{ei}\, L_i + \Sigma\, k_{me}(1 + g_m)$$

mit

t_e = Zeit je Einheit auf den Menschen bezogen,

t_{Be} = Zeit je Einheit auf das Betriebsmittel bezogen,

p'_B = Platzkostensatz des Betriebsmittels und des anteiligen Lohns für den Menschen auf t_{Be} bezogen,

p_B = Platzkostensatz des Betriebsmittels allein.

Die Platzkostenrechnung ist immer dann angebracht, wenn die unterschiedlichen Gemeinkosten der einzelnen Arbeitsplätze entscheidungsrelevant sein können. Für Einzelteiluntersuchungen oder beim Vergleich sehr geringer Arbeitsumfänge können Platzkosten (z.B. in Form von Maschinenstundensätzen oder mit Maschinenminutensätzen eine realistische Entscheidungsbasis bieten. Über die dabei anzusetzende Auslastung der Betriebsmittel, die ja wesentlich die Platzkosten beeinflussen, müssen jedoch von Fall zu Fall Überlegungen auf der Basis einer etwa 5jährigen Vorschau ansetzen.

So, wie die Kostenstellenkosten in fixe und variable Anteile aufzugliedern sind, müssen auch die Platzkosten als „Vollkosten" und als „Teilkosten" bzw. variable Kosten zur Verfügung stehen. Bei kurzfristigen Betrachtungen kann die Teilkostenkalkulation eingesetzt werden, während für langfristige Planungsüberlegungen zumeist die Vollkosten der Fertigung anzuwenden sind.

Zur Ermittlung der Platzkostensätze für die einzelnen Kostenplätze kann ein Schema analog dem von Seite 131 verwendet werden, das im Rechner gespeichert, für alle Daten, die etwa jährlich anzupassen sind „Variable Größen" verwendet. Diese sind als Formeln im Feld gespeichert und so können die Kostensätze periodisch, ohne wesentlichen Aufwand mit neuen Grunddaten, wie Auslastung, Zinssätze, Raumkosten, Strompreise usw. angepasst werden, indem nur mit wenigen Zahlen die neuen Daten in das Rechenblatt eingegeben werden. Alternativ kann zur Platzkostenermittlung ein vereinfachter BAB dienen, in dem lediglich die leicht zu errechnenden A-Kosten der Kostenplätze, die etwa 70 % der Fertigungskosten umfassen, direkt erfasst sind, während die sonstigen Gemeinkosten als Prozentsatz auf diese „AZREIW-Kosten" aufgeschlagen werden.

(AZREIW-Kosten = Abschreibungen
                 + Zinsen
                 + Raumkosten
                 + Energiekosten
                 + Instandhaltungskosten
                 + Werkzeugkosten)

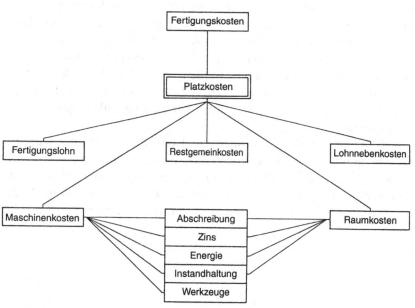

Abb. 56. Fertigungskostengliederung für die Platzkostenbildung

Ein grundsätzliches Problem muss jedoch beim Einsatz der Platzkostenrechnung erwähnt werden: Bei der Zuschlagskalkulation auf der
Basis der Kostenstellenrechnung besteht ein geschlossenes Rechnungs-
system, bei dem nach einer bestimmten Abrechnungsperiode, etwa einem
Jahr, die in den Kostenstellen angefallenen Kosten und ihre Bezugsgrößen,
nämlich die in den Kostenstellen angefallenen Fertigungsstunden bzw.
Fertigungslöhne bekannt sind. Es lässt sich somit nachprüfen, ob die
bisher verrechneten Fertigungskosten und die angefallenen Fertigungskosten übereinstimmen oder welche Abweichungen bestehen. Eine
Korrektur der Gemeinkostensätze für die nächste Periode ist sofort
möglich.

Bei der Platzkostenkalkulation hingegen sind nach einer Abrechnungsperiode weder die am Arbeitsplatz angefallenen Kosten bekannt, da diese
Werte nur in der größeren Einheit, der Kostenstelle, erfasst oder auf sie
umgelegt wurden. Noch sind die Fertigungsstunden oder Fertigungslöhne
bekannt, die in der Periode am Arbeitsplatz angefallen oder auf ihn verrechnet wurden. Nur über die Kostenstellen, jedoch nicht über die Kostenplätze kann die Kostenkontrolle erfolgen.

Der Platzkostensatz errechnet sich durch Direkterfassung der wichtigsten Kostenarten auf jeden einzelnen Arbeitsplatz. Diese Kostenarten
(i. Allg. die AZREIW-Kosten) sollen etwa 60 % bis 70 % der gesamten Fertigungskosten umfassen. Die restlichen Fertigungskosten werden dann
zusammengefasst und als Prozentsatz der direkt erfassten Kosten diesen
Kosten zugeschlagen. Zur Ermittlung des Restgemeinkostensatzes kann
vom normalen BAB ausgegangen werden, indem dort die in der Kostenstelle angefallenen oben erwähnten „AZREIW-Kosten" erfasst werden
und als 100 %-Basis verwendet werden zur Restgemeinkostenbewertung
(vergl. hierzu Seite 131).

Als Anhalt für die zu erwartende Höhe der Platzkosten können
die Maschinenstundensätze des VDMA dienen, die in der Broschüre
„Das Rechnen mit Maschinenstundensätzen" [15] veröffentlicht sind.
Eine kritiklose Übernahme dieser Kostensätze ist jedoch gefährlich, da
die Kostensätze in den einzelnen Unternehmen sehr verschieden sein
können.

Schema für die Platzkostenermittlung

Kostenart	Gleichung	Kosten-stelle	Kostenplätze					
Werte in €/a, soweit nichts angegeben	Variable	$\Sigma A - Z^*$	A	B	C	D	- - -	Z
Abschreibungen	I_t / n							
Zinsen	$I_t \cdot i/2$							
Raumkosten	$F \cdot R$							
Energiekosten	$P \cdot E$							
Instandhaltung	$I_t \cdot W$							
Werkzeuge	$I_t \cdot B$							
Σ AZREIW-Kosten	$\Sigma = =100\,\%$							
Sonst. Gemeinkosten = Restgemeinkosten	... %v. AZREIW							
Auslastung absolut	h/a							
Auslastung relativ	in % von **							
Platzkosten netto in €/h	Σ							
Fertigungslöhne in €/h	Aus BAB	Auftrags-daten						
Platzkosten brutto in €/h	Σ							

* Die Summe der Platzkosten aller in der Kostenstelle eingesetzten Arbeitsplätze muss (etwa) die Stellenkosten ergeben.

** Bei Arbeitsplätzen mit Investitionskosten von
$I_t < 120$ T€ entsprechen 1600 h/a = 100 %
$I_t \geq 120$ T€ entsprechen 3200 h/a = 100 %
$I_t \leq 360$ T€ entsprechen 5000 h/a = 100 %.
Teure Arbeitsplätze sind möglichst mehrschichtig auszulasten.

Beispiel zu 3.4.4: Platzkostenkalkulation für „Lückenfüll-Auftrag"

Ein Betrieb hat seine Automaten nicht voll ausgelastet und will ermitteln, welche Vorteile für ihn die Anfertigung eines Zwischenrades für eine Fremdfirma bringen würde. Der Auftrag läuft über mindestens ein Jahr mit 12 Losen von 300 Stk/Mo. Vom Erlös, nach Abzug von Umsatzsteuer, Vertriebs- und Verwaltungskosten, verbleiben höchstens 18,00 €/Stk.

a) Ist die Übernahme des Artikels zweckmäßig, wenn eine Vorrichtung um 8 600 € benötigt wird?

b) Was ist zu unternehmen, wenn die Kapazität wegen Programmerhöhung nicht mehr ausreicht?

Lösung:

Der bereinigte Erlös E eines Monatsauftrags ergibt

$$E = 300 \text{ Stk/Mo} \times 18{,}00 \text{ €/Stk} = 5400 \text{ €/Mo}.$$

Die Vollkosten mit $k_v = 6566$ €/Mo (siehe das folgende Formular) werden bei diesem Auftrag nicht abgedeckt.

Formblatt für Platzkostenkalkulation

Firma:	Kalkulation Nr.: 150 / 2000	Kalkulationsbasis: 1 Los
Werk:	Benennung: Zwischenrad	Losgröße: 300 Stk
Bearb.:	Zeichnung. Nr.: 114 323 03 01	
Datum:	Programm: Sonderfertigung	Rohteil Nr. 146 036 12 R

Nr.	Arbeitsvorgang	Betr.-mittel-Schlü.	Platzkosten in €/min		Fertigungszeit min/Stk (/Los)		Kosten in €/Los	
			var	voll	Bemi	Mann	var	voll
5	Stirnseite fertig-drehen	3446	0,540	1,130	3,80	0,95	616	1288
	Rüstzeit				20	–	11	22
10	Nabenseite fertigdrehen	3163	0,560	1,140	5,40	1,80	907	1847
	Rüstzeit				30	–	17	34
15	Buchse ein-pressen	9402	0,470	0,660	0,30	0,30	42	59
	Rüsten				10	10	5	7
20	Kontrolle						–	–
25	Fertigungs-kosten				–	–	1598	3257
30	Materialeinzel-kosten				8,00 €/Stk		2400	2400
35	Materialgemein-kosten		5%var, 8% voll von (30)				120	192
40	Vorrichtungs-kostenumlage		8,6 T€ für 12 · 300 Stk = *2,39 €/Stk* 717				717	
45	Herstellkosten 1		Σ (25) + (30) + (35) + (40)				4835	6566

Begutachtet	Geprüft	Genehmigt

Datum
Name

* Verwaltungs- und Vertriebsgemeinkosten sind stets auf „volle Herstellkosten" bezogen!

Ergebnis:

Zu a) Die variablen Kosten sind um (5400 – 4835) €/Mo = 565 €/Mo niedriger als der Erlös. Dieser Auftrag könnte damit höchstens als Lückenfüller dienen mit den beiden Vorteilen:

1) Um 565 €/Mo zusätzlicher „Gewinn" und
2) um ca. 15,25 h/Mo bessere Beschäftigung.

Daraus errechnet sich ein lohnspezifischer Deckungsbeitrag von 565 : 15,25 €/h = 37 € je Arbeitsstunde.

Als Probleme gelten aber:

1) Ein solcher Auftrag darf keinen besseren Auftrag verdrängen und
2) Der Auftrag darf keinesfalls Rückwirkungen auf die Preise von anderen Aufträgen haben. Sonst muss er strikt abgelehnt werden.

Zu b) Für solche Aufträge lohnt sich meistens eine Kapazitätserweiterung nicht, so dass dieser oder eventuell ein noch schlechterer Auftrag abgestoßen werden sollte. Dies zu beurteilen, sind Sonderrechnungen erforderlich. Die Vollkostenrechnung ist nicht klar aussagefähig.

Die Auftragsdaten und die Basiswerte sind in das Formblatt eingetragen, die Rechenwerte kursiv ausgefüllt.

Seite 134 zeigt ein Ermittlungsblatt für die Netto-Maschinenkosten (also ohne Personalkostenanteile) eines 100 T€- und eines 1000 T€-Maschinenplatzes bei voller Auslastung im Ein-, Zwei- und Dreischichtbetrieb.

Auf den Seiten 135 und 136 sind Beispiele aus der VDMA-Unterlage „Das Rechnen mit Maschinenstundensätzen" für Drehen und Fräsen dargestellt (noch auf DM-Basis!).

Masch.Nr.:

ERMITTLUNG UND AKTUALISIERUNG DER MASCHINENKOSTEN ohne Lohn

(Maschinenstundensatz nach VDI R 3258/[16])

Masch.-Art : 100/1000 T€ Arbeitsplatz	Ansch.Preis :	€
Bauart : verschieden	Zubehör :	€
Hersteller : verschieden	Installation:	€
Flächenbedarf (a) = 12/20 m²	Gesamt :	€
Inst.Leistung (b) = 10/60 kW		
Ausnutz.faktor(c) = 0,30 (30 %)	Ansch.Jahr : XXXX	
	Index : 1,10	

Zeile	Benennung	Gleichung	Einh.	100 T€ Ein-schicht	Zwei-schicht	Drei-schicht	1000 T€ Zwei-schicht	Drei schicht
(1)	Plan-Nutzungszeit	$\frac{h}{a}$		1500	3000	4500	3000	4500
(2)	Preisindex	lt.Stat.BA	1	=	1,20	=	1,20	
(3)	Wiederbeschaffungswert	$(3)_4 \frac{(2)_2}{(2)_1}$	€	=	109091	=	1090909	=
(4)	Wirtsch.Nutzungsdauer	Schätzung	a	10	8	6	8	6
(5)	Abschreibung	(3) : (4)	€/a	10909	13636	18182	136364	181818
(6)	Kalk.Zinssatz	Betr. wirtsch.	% p.a.	=	12	=	12	=
(7)	Zinsen	(3)·(6):2	€/a	=	6545	=	65454	=
(8)	Spez.Flächenkosten	Betr. wirtsch.	$\frac{€}{a \cdot m^2}$	=	120	=	120	=
(9)	Raumkosten	(a)·(8)	€/a	=	1440	=	2400	=
10	Strompreis	Tarif	$\frac{€}{KWh}$	=	0,30	=	0,30	=
11	Sonst.Energiekosten	Schätzen	€/a	400	800	1200	2000	3000
12	Energiekosten	b)(c)(1)(10)+(11)	€/a	1750	3500	5250	18200	27300
13	Instandhaltungsgrad	bz.auf (3)	1/a	2 %	3 %	4 %	3 %	4 %
14	Instandhaltungskosten	(3).(13)	€/a	2182	3273	4364	32727	43636
15	Werkzeugkosten	dir.erf.	€/a	2000	4000	6000	12000	18000
16	Σ dir.erf. fixe Maschk.	(5)+(7)+(9)	€/a	18894	21621	26167	204218	249672
17	Σ dir.erf. var. Maschk.	(12)+(14)+(15)	€/a	5932	10773	15614	78541	88936
18	Dir.erf. Maschk.	(16)+(17)	€/a	24826	32394	41781	282759	338608
19	Maschstdsatz netto ges.	(18):(1)	€/h	16,55	10,80	9,28	94,25	85,25
20	Maschstdsatz netto var.	(17) : (1)	€/h	3,95	3,59	3,47	26,18	19,76

Stand:

Auswahl der Maschinenstundensätze   FUNKTION: Drehen

- BWZ 12a -

Nr.	Maschinengruppe: 2.3 Produktions-Drehmaschinen / Maschinenart	Abmessung	Basis	kapazitätsabhängige Kosten €/Std.			∅ Rest-fertigungs-gemeinkosten €/Std.	Fertigungs-kosten €/Std.
				Maschinen-stundensatz netto	Fertigungslohn und Fertigungs-lohnabh. Kosten	Maschinen-stundensatz brutto		
1	1	2		3	4	5 = 3 + 4	6	7 = 5 + 6
1/5	Produktions-drehmaschine	∅ 250 - 500 mm	1.400	11,00 - 13,00	35 - 40	46,00 - 53,00	20	66,00 - 73,00
	dto.	dto.	2.100	8,00 - 10,00	35 - 40	43,00 - 50,00	20	63,00 - 70,00
6/7	dto.	∅ über 600 mm	1.400	40,00 - 44,00	35 - 40	75,00 - 84,00	20	95,00 - 104,00
	dto.	dto.	2.100	29,00 - 33,00	35 - 40	64,00 - 73,00	20	84,00 - 93,00
10	Produktions-drehmaschine /NC	∅ bis 250 mm	2.800	39,00 - 43,00	39 - 43	78,00 - 86,00	20	98,00 - 106,00
	dto.	dto.	3.500	35,00 - 38,00	39 - 43	74,00 - 81,00	20	94,00 - 101,00
11/16	dto. NC mit WW	∅ 250 - 500 mm	2.800	73,00 - 77,00	39 - 43	112,00 - 120,00	20	132,00 - 140,00
	dto.	dto.	3.500	63,00 - 67,00	39 - 43	102,00 - 110,00	20	122,00 - 130,00

WW = Werkzeugwechsel
Alle Kennzahlen sind nur Erfahrungswerte, keine Richtsätze (auf DM-Basis)
Einzelheiten zur Maschinenstundensatz-Rechnung vgl. BWB 7 "Das Rechnen mit Maschinenstundensätzen", Bestell-Nr. 40200

Stand:

Auswahl der Maschinenstundensätze

- BWZ 12a -

FUNKTION: Fräsen

Nr.	Maschinengruppe: 5.4 Plan- u. Langfräsmasch. (Bett-) — Maschinenart (1)	Abmessung (2)	Basis	kapazitätsabhängige Kosten €/Std.			∅ Rest-fertigungsgemeinkosten €/Std. (6)	Fertigungskosten €/Std. (7 = 5 + 6)
				Maschinenstundensatz netto (3)	Fertigungslohn und fertigungslohnabh. Kosten (4)	Maschinenstundensatz brutto (5 = 3 + 4)		
1/4	Einspindel/Einständer	B 450 - 800 mm	1.400	46,00 - 48,00	35 - 40	81,00 - 88,00	20	101,00 - 108,00
	dto.	dto.	2.100	33,50 - 35,50	35 - 40	68,50 - 75,50	20	88,50 - 95,50
	dto.	dto.	2.800	27,00 - 29,00	35 - 40	62,00 - 69,00	20	82,00 - 89,00
	dto.	dto.	3.500	23,50 - 25,50	35 - 40	58,50 - 65,50	20	78,50 - 85,50
5/6	dto.	B 1250 - 2000 mm	1.400	112,50 - 117,50	35 - 40	147,50 - 157,50	30	177,50 - 187,50
	dto.	dto.	2.100	79,00 - 83,00	35 - 40	114,00 - 123,00	30	144,00 - 153,00
	dto.	dto.	2.800	62,00 - 66,00	35 - 40	97,00 - 106,00	30	127,00 - 136,00
	dto.	dto.	3.500	52,00 - 56,00	35 - 40	87,00 - 96,00	30	117,00 - 126,00
7/8	Einspindel/Zweiständer m. Positionseinrichtg.	B 1250 - 1600 mm	2.800	125,00 - 131,00	35 - 40	160,00 - 171,00	45	205,00 - 216,00
	dto.	dto.	3.500	104,00 - 108,00	35 - 40	139,00 - 148,00	45	184,00 - 193,00

Alle Kennzahlen sind nur Erfahrungswerte, keine Richtsätze (auf DM-Basis)
Einzelheiten zur Maschinenstundensatz-Rechnung vgl. BWB 7 "Das Rechnen mit Maschinenstundensätzen", Bestell-Nr. 40200

3.4.5
Einzelkostenrechnung – Kostenarteneinzelerfassung

Für Sonderuntersuchungen wie Investitionsrechnungen für Objekte, Wirtschaftlichkeitsvergleiche sind Einzelkostenrechnungen gebräuchlich, bei denen zumindest folgende Kostenarten als Einzelkosten der Fertigung ermittelt werden:

0. Fertigungslohn
1. Abschreibungen für Betriebsmittel
2. Zinsen für Betriebsmittel
3. Raumkosten
4. Energiekosten (Strom, Gas, Luft, Wasser)
5. Instandhaltungskosten
6. Werkzeugkosten
   (abgekürzt A Z R E I W-Kosten!)

Für Restgemeinkosten bleibt dann nur noch ein kleiner Aufschlag von 40 bis 60% dieser Kosten oder von 100 bis 150% des Fertigungslohns (mit Hilfe des BAB zu ermitteln). Unter allen diesen Kalkulationsmethoden muss der Kalkulator diejenigen auswählen und eventuell ausbauen, die für seine Belange, der Vorkalkulation, der Kostenzielvorgabe, der Begleit-

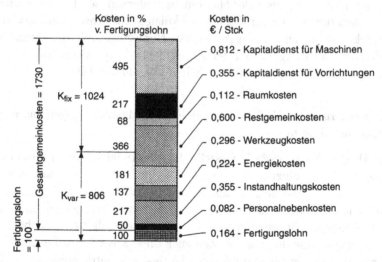

Abb. 57. Gliederung der Fertigungskosten bei der Vorbearbeitung von Bremsscheiben (100% Fertigungslohn kann nicht als Basis für die Verrechnung von 1730% Gemeinkosten verwendet werden!)

kalkulation und der Nachkalkulation oder für Sonderaufgaben genügend aussagefähig und wirtschaftlich im Einsatz sind. Dabei muss ein einheitliches Kalkulationskonzept von der Vorkalkulation bis zur Nachkalkulation eine Nachprüfung der Planwerte ermöglichen und nötigenfalls rückkoppelnd die Basiswerte korrigieren.

Für kurzfristige Überlegungen, wie z. B. bei Auftragsmangel, bei Kapazitätsengpässen und für kurzfristige Entscheidungen zwischen Eigen- oder Fremdfertigung, kann nur ein Teil der Kosten beeinflusst werden. Daher sind für diesbezügliche Überlegungen Grenzkostenkalkulationen üblich. Die Differenz zwischen Erlös und Grenzkosten, der Deckungsbeitrag, ist dann ein Maß für die wirtschaftliche Vorziehenswürdigkeit von Alternativen. Aus Gründen der Auslastungssicherung müssen aber auch andere Kriterien wie Kapazitätsbelegung und Personalbeschäftigung zur Entscheidung herangezogen werden.

Die formale Errechnung der Grenzkosten ist gleich wie die der Vollkostenermittlung. Lediglich die Zuschlagssätze sind um den Anteil der Fixkosten reduziert. In welcher Form die Fixkosten zu verrechnen sind, wird bei der Besprechung der Preisbildung behandelt.

Dort, wo ganz individuelle Fertigungen zu beurteilen sind – z. B. bei Massenfertigung mit Einzweckmaschinen – müssen möglichst viele Kosten einzeln erfasst werden. Fertigungseinzelkosten sind dann nicht nur Fertigungslohn oder ein pauschaler Maschinenstundensatz, sondern die einzelnen Kostenarten wie Abschreibungen, kalkulatorische Zinsen, Raumkosten, Energiekosten, Instandhaltungskosten usw. Nur wenige andere Kostenarten werden dann als Restgemeinkosten zugeschlagen (vergl. hierzu Abb. 57 auf Seite 137 und die Formulare auf den Seiten 139, 140 und 141).

Beispiel zu 3.4.5: Verfahrensvergleich NC-Maschine gegen handgesteuerte Maschine

In Abschn. 3.1.8 wurde festgestellt, dass bei freier Kapazität meistens die Maschinen einzusetzen sind, die die niedrigsten Fertigungszeiten ermöglichen, da diese meist auch die niedrigsten variablen Kosten verursachen. Bei der Beschaffung von Maschinen sind jedoch die Abschreibungen, Zinsen und sonstige „Fixkosten" als beeinflussbar zu betrachten, weshalb zu dieser Zeit auch diese Kosten zu erfassen sind. Unter diesem Aspekt ist die folgende Aufgabe zu betrachten:

Ein Mittelbetrieb mit stark wechselndem Fertigungsprogramm muss im Rahmen einer Produktionssteigerung ein neues Bohr- und Fräswerk beschaffen. In engerer Wahl stehen eine numerisch gesteuerte Maschine um 780 000 € und eine ähnliche Maschine mit Handsteuerung für 588 000 €. Weitere Daten sind aus dem geplanten Fertigungsprogramm und nach Erfahrungswerten vorhandener Maschinen abzuschätzen.

Zwei Probleme sind vor der eigentlichen Investitionsrechnung zu klären.

1. Wie hoch ist der unterschiedliche Planungs- und Betriebsmittelaufwand für Neuteile bei den zu vergleichenden Maschinen. Hierfür bietet sich an, aus einer Anzahl „repräsentativer Neuteile“ die jeweiligen Kosten je Neuteil zu ermitteln (vergl. hierzu Abb. 58).

Firma Drabro Werk: ...4.... Bearb.: ..Mu.. Datum: 14.12.	Repräsentativprogramm (zu KV Nr. .56.) A:...27.. Auftr. für ..2.. Dekaden ≙ ..324 Auftr/Jahr B:...19.. Auftr. für ..2.. Dekaden ≙ ..228 Auftr/Jahr		Hersteller, Maschinenart, Typ							
			A B. und C. Num. gest. Bohr- und Fräswerk NBF 501				B B. und C. Bohr- und Fräswerk BF 500			
Nr.	Benennung	Teilnummer	m Stck/Auftr	t_e min/Stck	t_a min/Auftr	t_r min/Auftr	m Stck/Auftr	t_e min/Stck	t_a min/Auftr	t_r min/Auftr
1	Gehäusedeckel	86 24 05 120	20	16	320	25	20	25	500	45
2	Seitenteil links	82 14 04 012	10+10	32	640	90*	20	45	900	60
3	Seitenteil links	84 14 04 018	10	40	400	45	10	62	620	70
4	Seitenteil rechts	82 15 04 014	10+10	22	440	90*	20	38	760	65
5	Seitenteil rechts	84 15 04 018	10	25	250	45	10	35	350	60
6	Frontplatte	82 18 07 156	8+8	40	640	112*	16	58	928	75
7	Frontplatte	84 18 06 112	12	45	540	56	12	72	864	65
8	Frontplatte	86 18 07 118	2	65	130	65	2	95	190	70
9	Zwischendeckel	65 23 06 015	4+4	38	304	72*	8	58	464	45
10	Zwischendeckel	65 23 06 018	4+4	45	360	80*	8	65	520	50
11	Schaltkasten	72 35 07 022	15	42	630	65	15	60	900	75
12	Schaltkasten	73 35 09 031	10	43	430	65	10	65	650	75
13	Schaltkasten	76 35 12 018	10	50	500	70	10	70	700	80
14	Schaltkasten	78 35 08 016	5	60	300	70	5	92	460	80
15	Winkelhebel	11 13 21 072	20+20	12	480	30*	40	18	720	25
16	Winkelhebel	11 13 22 018	20+20	14	560	30*	40	20	800	30
17	Stufenanschlag	13 92 02 004	30	17	510	20	30	25	750	25
18	Schaltplatte	82 21 13 296	12	88	1056	30	12	120	1440	35
19	Schaltplatte	82 21 15 312	10+10	91	1820	60*	20	120	2400	40
Anzahl der Aufträge bzw. Summe			27	–	10 310	1 120	19	–	14 916	1 070
Anzahl der Aufträge je Jahr und Belegungszeit in Std/Jahr			324		2 062	224	228		2 983	214
Gesamtbelegungszeit in Std/Jahr			–		2 286		–		3 197	
m=Auftragsstückzahl; t_e=Zeit je Einheit; t_a=Ausführungszeit; t_r=Rüstzeit										

Abb. 58. Repräsentative Neuteile für Vielzweckmaschine

2. Zur Beurteilung der Maschinenauslastung darf nicht einfach vom „ausgelasteten Zweischichtbetrieb“ oder gar vom Dreischichtbetrieb ausgegangen werden, sondern mit Hilfe eines Repräsentativprogramms und den zugehörigen Fertigungszeiten muss errechnet werden, für welche Zeit überhaupt Aufträge vorhanden sein werden. Alternative Maschinen sind nicht mit gleicher Auslastung, sondern mit dem gleichen Produktionsprogramm zu rechnen (vergl. Abb. 59). Führt eine Maschine mit kürzeren Fertigungszeiten in der

Firma Drabro Werk...4.... Bearb. Nr.... Datum 15.12.	Repräsentative Neuteile (zu KV Nr. 56) 10 Neuteile für 18,5 Dekaden ≙ 13 $\frac{\text{Neuteile}}{\text{Jahr}}$		Hersteller, Maschinenart, Typ				
			A			B	
			B. und C. Num. gest. Bohr- und Fräswerk NBF 501			B. und C. Bohr- und Fräswerk BF 500	
Nr.	Benennung	Teilnummer	Planungszeit Std	Betriebsm. Herstellk. €	Betriebsm. Erprob.k. €	Planungszeit Std	Betriebsm. Herstellk. €	Betriebsm. Erprob.k. €
1	Getriebegehäuse	92 36 08 012	34	680	120	3	2 600	70
2	Abschlußdeckel	92 24 05 010	12	210	80	2	1 600	40
3	Gehäuseunterteil	92 26 12 002	24	170	60	2	800	40
4	Kupplungsglocke	92 42 02 007	18	460	80	1	620	60
5	Lagerplatte vorn	92 16 04 006	22	350	70	2	1 500	50
6	Lagerplatte mitte	92 16 05 003	25	200	70	2	1 480	50
7	Lagerplatte hinten	92 16 06 007	18	160	60	2	1 410	50
8	Abstützlagerbock	86 54 08 012	6	20	10	1	80	--
9	Zwischenhebel	86 13 22 021	8	20	10	1	60	--
10	Umlenkhebel	86 13 23 024	5	20	10	1	50	--
	Summe		172	2 290	570	17	10 200	360
	Durchschnitt für ein repräsentatives Neuteil		17,2	229	57	1,7	1 020	36

IP 4

Abb. 59. Repräsentativprogramm für Vielzweckmaschine

eingesparten Zeit zusätzliche Aufträge gegenüber der langsameren Maschine aus, sind diese Vorteile als zusätzlicher Deckungsbeitrag der schnelleren Maschine gutzuschreiben.

Das Repräsentativprogramm zeigt, dass die NC-Maschine etwa 2300 h/a ausgelastet ist und damit noch viel Reserven im Zweischichtbetrieb hat. Die handgesteuerte Maschine ist mit 3200 h/a voll zweischichtig belegt.

Ergebnis:
Der Kostenvergleich von Abb. 60 zeigt die Platzkosten von 208 bzw. 165 €/h für die beiden Maschinen, wobei die höheren Platzkosten der NC-Maschine durch die wesentlich niedrigeren Fertigungszeiten überkompenssiert werden. Das Beispiel dessen Zahlen weitgehend nach den vorliegenden Daten und den eingetragenen Formeln zu durchschauen sind, zeigt deutlich den Kostenvorteil der NC-Maschine. Wesentlich ist jedoch auch, dass mit 2300 h/a die NC-Maschine noch viel Zeitreserven hat gegenüber der handgesteuerten Maschine, die für die gleiche Arbeit 3200 Stunden brauchen würde. Diese Reserven sollten jedoch bei einer so teuren Maschine durch zusätzliche Aufträge genutzt werden, wodurch sich der „Stundensatz" wesentlich senken ließe.

Firma			Hersteller, Maschinenart, Typ	
			A	B
Werk ..4... Bearb. Am.. Datum .14..12.		Kostenvergleich Nr. ..56/95..	B.u.G NBF	B.u.G BF
Nr	Benennung	Berechnungsdaten	Einheit	501	500

Nr	Benennung	Berechnungsdaten	Einheit	501	500
	Maschinenbedingte Kosten				
(1)	Vergleichswert	Angebot u. Bewertung	€	780 000	588 000
(2)	Wirtsch. Nutzungsdauer	Schätzwert	Jahre	12	12
(3)	Bruttoflächenbedarf	Werkstattplan	m^2	25	20
(4)	Kapitaldienst (i=15%p.a.)	(1)· %;(% aus Tafel 1)	€/Jahr	143 894	108 474
(5)	Raumkosten	(3)150 €/m^2· Jahr	€/Jahr	3 750	3 000
(6)	Instandhaltungskosten	Schätzwert 3%	€/Jahr	23 400	17 640
(7)	Maschinenbedingte Kosten	(4) + (5) +(6)	€/Jahr	171 044	129 114
	Gestaltsbedingte Kosten				
(8)	Anzahl der Neuteile	Formblatt NW 1	Neut / Jahr	13	13
(9)	Planungszeit	(8)·Durchschn. r. Neut.	Std /Jahr	224	22
(10)	Planungskosten	(9)84/72 €/Std.	€/Jahr	18 816	1 584
(11)	Betriebsmittelselbstkosten	(8)· Durchschn. r. Neut.	€/Jahr	2 977	12 260
(12)	Betriebsmittelerprobungskosten	(8)· Durchschn. r. Neut.	€/Jahr	741	468
(13)	Gestaltsbedingte Kosten	(10)+(11)+(12)	€/Jahr	22 534	15 312
	Auftragsbedingte Kosten				
(14)	Anzahl der Aufträge	Repr. programm	Auftr /Jahr	324	228
(15)	Rüstzeit	Repr. programm	Std /Jahr	224	214
(16)	Rüstkosten	(15)· 65 €/Std	€/Jahr	14 560	13 910
(17)	Auftr. erstellungs- u.steuerungsk.	Schätzwert	€/Jahr	972	684
(18)	Transp.-u. Lagerkosten	Schätzwert	€/Jahr	3 548	4 436
(19)	Auftragsbedingte Kosten	(16)+ (17)+(18)	€/Jahr	19 080	19 030
	Werkstückbedingte Kosten				
(20)	Vorbereitungszeit	Schätzwert	Std/Jahr	120	840
(21)	Fertigungszeit	Repr. programm	Std/Jahr	2 062	2 983
(22)	Fertigungslohn	[(20)+(21)]· 27€/Std	€/Jahr	58 914	103 221
(23)	Lohnnebenkosten	95% von (22)	€/Jahr	55 968	98 060
(24)	Werkzeugkosten	Schätzwert	€/Jahr	22 000	23 100
(25)	Energiekosten	Messung + Schätzung	€/Jahr	2 850	3 000
(26)	Werkstückbedingte Kosten	(22)+(23)+(24)+(25)	€/Jahr	139 732	227 381
	Fertigungskosten und Platzkosten				
(27)	Fertigungseinzelkosten	(7)+(13)+(19)+(26)	€/Jahr	352 390	390 837
(28)	Restgemeinkosten	35 % von (27)	€/Jahr	123 337	136 793
(29)	Fertigungskosten	(27)+(28)	€/Jahr	475 727	527 630
(30)	Platzkosten	(29): Ges.bel.zeit	€/Jahr	208,10	165,04

Bemerkungen:*Diese Zeile wird der Investitionsentscheidung zugrunde gelegt.

Abb. 60. Kostenvergleich NC-Maschine gegen handgesteuerte Maschine

3.4.6
Teilkostenrechnung (Direct costs – Grenzkosten – Deckungsbeitrag)

Die bisher aufgezeigten Rechnungen waren weitgehend als „Vollkosten-rechnungen" ausgeführt. Das heißt, dass sowohl die kurzfristigen wie auch die langfristigen Kostenauswirkungen voll verrechnet wurden. Für Maß-nahmen, die nur kurzfristige Auswirkungen haben, für die also Kapazitäten, Abschreibungen, Zinsen, Verwaltungskosten und ähnliche Fixkostenkom-ponenten als unveränderlich anzusehen sind, muss die Teilkostenrechnung bis hin zur Grenzkostenrechnung herangezogen werden (Beispiel: Zusätz-liche Aufträge, bei freier Kapazität usw.).

Sämtliche vorgezeigten Kalkulationsverfahren können sowohl als Voll-kostenrechnungen wie auch als Teilkostenrechnungen ausgeführt werden. Im zweiten Fall werden nur die entscheidungsrelevanten Kosten erfasst, die variablen Kosten oder die Grenzkosten oder bestimmte zu beeinflus-sende Kostenarten, wie z. B. Sondereinzelkosten der Fertigung.

Kurzfristig sind Kapazitäten, Organisationen oder Verwaltungen und ihre Kosten nicht zu verändern und damit entscheidungsneutral. Lang-fristig sind alle Kosten (= Vollkosten) beeinflussbar.

Die meisten kurzfristigen Maßnahmen (die keine Kapazitätsände-rungen bewirken), beeinflussen nur die „Grenzkosten". Die Grenzkosten werden in der Praxis meist mit den „variablen Kosten" oder den „direkt costs" gleichgesetzt und „proportional" verrechnet.

Entscheidungszeitraum → Kostenart ↓	Auf kurze Sicht	Auf mittlere Sicht	Auf lange Sicht
Fertigungslöhne	ja	ja	ja
Fertigungsgemeinkosten variabel	ja	ja	ja
Fertigungsgemeinkosten fix	nein	teils	ja
Materialeinzelkosten	ja	ja	ja
Materialgemeinkosten variabel	ja	ja	ja
Materialgemeinkosten fix	nein	teils	ja
Sonderkosten	teils	teils	ja
Verwaltungskosten	nein	teils	ja
Vertriebsgemeinkosten	nein	teils	ja
Kostenumfang = Entscheidungskosten	Grenzkosten Variable Kosten	>Grenzkosten <Alle Kosten	Alle Kosten (Vollkosten)

Abb. 61. Praktikable Näherung zur Auswahl der Kalkulationsumfänge

3.5
Prozesskostenrechnung

Die bisherige Kostenrechnung hatte vor allem die 3 Ziele:

1. Schaffen einer Basis für die Preisbildung,
2. Schaffen finanzieller Planungsdaten,
3. Überwachen der Finanzgebaren.

Als Basis der Kostenzurechnung dienten dabei die direkt erfassten Kostenarten wie

- Fertigungslohn bzw. Fertigungszeiten und
- Materialverbrauch bzw. Materialeinzelkosten
- sowie einige „Sonderkosten".

Alle übrigen Kosten wurden durch Zuschläge (proportional zu den Einzelkosten) verrechnet, wobei durch Kostenstellenbildung oder gar Kostenplatzbildung und eventuell mehrere Materialgemeinkostensätze eine möglichst verursachungsgemäße Kostenzuordnung angestrebt wurde.

Die Verwaltungsgemeinkosten und die Vertriebsgemeinkosten werden zumeist proportional zu den Herstellkosten verrechnet, obgleich hier das Verursachungsprinzip zumindest quantitativ kaum nachzuweisen ist.

Hier versucht nun die Prozesskostenrechnung eine Besserung, indem sie für diese Kosten die eigentlichen Prozesse aufsucht, die diese Kosten verursachen, und die etwa proportionale Beziehungen zu der Kostenhöhe aufweisen.

Lassen sich zu den Erzeugnissen neben den Material- und Fertigungseinzelkosten auch die notwendige Anzahl von Prozessen ermitteln, wie Angebote erstellen, Materialbestellung aufgeben, Aufträge abrechnen usw. sowie die jeweiligen Prozesskostensätze (was kostet ein Angebot, eine Materialbestellung usw.) errechnen, dann können die Kalkulationen wesentlich genauer gestaltet werden.

Auch zur Planung und Überwachung der Budgets von Kostenstellen korreliert die Anzahl der auszuführenden Prozesse viel besser (proportional) zum erforderlichen Aufwand als dies die Herstellkosten tun.

Trotz dieser an sich unbefriedigenden Situation bei der Kalkulation und Planung der Kosten im Fertigungsbereich sehen selbst überzeugte Prozesskostenrechner bezüglich der Kostenzuordnung im Fertigungsbereich keinen methodischen Bedarf. Jedoch im Gemeinkostenbereich, vorwiegend bei den Verwaltungs- und Vertriebsgemeinkosten, die heute in Industrieunternehmen etwa 30% ± 5% der Gesamtkosten ausmachen und die zumeist proportional zu den Herstellkosten verrechnet werden, sind andere Kostenzuordnungen erforderlich.

Insbesondere für folgende Detailfragen müssen neue Ansätze zur Kostenermittlung genutzt werden:

- Was kostet ein Angebot?
- Was kostet ein Neuteil?
- Was kostet ein zusätzliches Lagerteil?
- Was kostet eine Bestellung?
- Was kostet eine Entlassung? oder
- Was kostet eine Neueinstellung?
  usw.

Hier werden Prozesse nachgefragt, zu denen bislang kaum Zeiten oder gar Kosten erfasst wurden.

Da der Anteil der Gemeinkosten in den letzten Jahrzehnten sehr stark angestiegen ist, wird nun angestrebt, für den Teil davon, der nicht verursachungsgerecht material- oder fertigungszeitproportional zu verrechnen ist, und insbesondere für Sonderrechnungen, die Prozesskostenrechnung einzusetzen ist.

Die Prozesskostenrechnung stellt keine Alternative zur Zuschlagskalkulation dar, sondern eine Ergänzung vorwiegend für strategische Entscheidungen im Gemeinkostenbereich (Prozesskosten sind Vollkosten!). Aber auch bei manchen operativen Fragen ist sie einzusetzen.

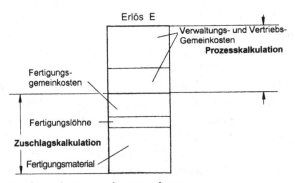

Abb. 62. Einsatzgebiete der Prozesskostenrechnung

Grundlage für die Kostenverrechnung sind die Prozesse, die nach Horvath folgendermaßen definiert sind [17]:

„Ein **Prozess** ist ein auf die Erbringung eines Leistungsoutputs gerichtete Kette von Aktivitäten und somit gekennzeichnet durch

- einen Leistungsoutput,
- Qualitätsmerkmale (die meist nicht explizit definiert sind),
- eine (zu analysierende) Ressourceninanspruchnahme (bewertet in Kosten),
- einen Kosteneinflussfaktor (Cost Driver), der zugleich als Basis für die Anzahl der Prozessdurchführungen gilt sowie analysierbare Durchlauf- bzw. Bearbeitungszeiten."

In sich abgeschlossene Prozesse werden Hauptprozesse genannt. Hauptprozesse sind gewöhnlich gegliedert in Teilprozesse, die wiederum durch Tätigkeiten erledigt werden.

Damit ergibt sich eine Struktur nach Abb. 63.

Hauptprozesse sind eine Zusammenfassung von Teilprozessen einer oder mehrerer Kostenstellen.

Teilprozesse sind prozessbedingte Tätigkeitsfolgen oder Abläufe, die in einen oder in mehrere Hauptprozesse eingehen. Kostenstellen führen meistens mehrere Prozesse und mehrere Teilprozesse aus. (Analogie, Teile und Funktionen: Zur Ausführung einer Funktion sind meistens mehrere

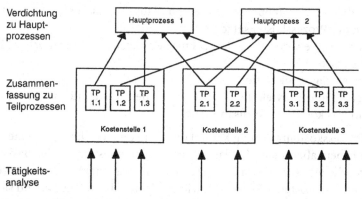

Abb. 63. Prozesshierarchie (nach Mayer) [18]

Teile notwendig und ein Teil kann meistens mehrere Funktionen oder Teilfunktionen ausführen.)

Die Prozesskosten ergeben sich nach der Beziehung:

$$\text{Prozesskosten} = \text{Prozessmenge} \times \text{Prozesskostenkostensatz}$$
$$\text{(Anzahl der Prozesse)}$$

und der Prozesskostensatz wird ermittelt über die dem Prozess oder seinen Teilprozessen direkt (leistungsmengeninduziert = lmi) oder indirekt (leistungsmengenneutral = lmn) zurechenbaren Tätigkeiten und Materialien. Analog gilt:

$$\text{Teilprozesskosten} = \text{Teilprozessmenge} \times \text{Teilprozesskostensatz.}$$

Da auch bei der Prozesskostenrechnung ein Teil der Kosten, wie zum Beispiel die Kosten für die „Leitung" nicht verusachungsgerecht (als lmi-Kosten = leistungs-mengen-induziert) verrechnet werden können, müssen diese Kosten über Schlüssel und damit indirekt (als sog. lmn-Kosten = leistungs-mengen-neutral) den Prozessen angelastet werden.

Die Ermittlung der Teilprozesskostensätze und der Prozesskostensätze erfolgt in folgenden Arbeitsschritten:

1. Tätigkeitsanalyse
   Welche Tätigkeiten werden in welchen Kostenstellen für diesen Prozess ausgeführt und was kosten diese?
2. Festlegen der Bezugsgrößen
   Welche leicht zu ermittelnden Mengen bzw. Größen wachsen etwa proportional zur Leistung?
3. Festlegen der Planwerte für die Teilprozesskosten je Teilprozess
   Was wird zum Planzeitpunkt ein Teilprozess kosten?
4. Verdichten der Teilprozesskosten zu Hauptprozesskosten und Ermitteln der Prozesskostensätze
   Was kostet ein einzelner Prozess und was kosten die zugehörigen Teilprozesse?
5. Kostenträgerkalkulation
   Welche und wieviele Prozesse sind für den Kostenträger erforderlich und was kosten diese zusammen?

Die Prozesskostenrechnung kann damit bei Sonderrechnungen eine gute Hilfe geben, aber auch die Planung von Gemeinkosten auf der Basis der erforderlichen Anzahl von Prozessen (= Prozessmenge) und der Prozesskostensätze (Kosten je Prozess) sowie die Kostenüberwachung, sind sicher interessante Einsatzgebiete der Prozesskostenrechnung.

Beispiel zu 3.5: Prozesskosten für „Beschaffen"

Während in den meisten Unternehmen für alle Materialien ein einziger Materialgemeinkostensatz verrechnet wird (zwischen 5 bis 12% der Materialeinzelkosten) lässt sich durch die Prozesskostenrechnung zeigen, dass hier eine erhebliche Fehlerquelle liegt.

Jeder Materialanlieferung muss ein Hauptprozess angelastet werden, nämlich „Material beschaffen", der alle zugehörigen Teilprozesse beinhaltet.

Rechnet man die Kosten für die Teilprozesse im Einkauf, im Wareneingang, im Lager, als Einnahme, Verwaltung und Ausgabe für die verschiedenen Materialarten, ergeben sich nach internen Studien „zurückgerechnete" Material-Gemeinkostenzuschlagssätze von 4% bis 40% der MEK, wie untenstehende Tabelle zeigt.

Materialart	Prozesskosten €/Mat. besch.	Bestellwert €/Best.	Vergleichs- MGK-Satz %
Rohmaterial + Halbzeug	60	1500	4
Roh- + Fertigteile (mech.)	125	1600	8
Normteile	200	500	40
Elektrikteile + Baugruppen	100	2000	5
Elektronikteile-Baugruppen	220	3700	6

Da Normteile mit ca 40% Materialgemeinkosten gewöhnlich in einem etwa gleichbleibenden Prozentsatz in die Fertigprodukte eingehen, und da dieser Anteil meistens nicht sehr groß ist, gleicht sich der Fehler zum Teil wieder aus, wenn der durchschnittliche MGK-Zuschlagssatz realistisch ermittelt wurde.

3.6
Genauigkeit der Kostenermittlung

Die Unsicherheit der Kalkulationen wird mit zunehmendem Entwicklungsstand immer geringer. Jede Kostenermittlung muss ihre Bestätigung durch Übereinstimmung mit den technologisch bedingten Kostenverursachungen finden. Das heißt, die Nachkalkulation muss zeigen, wie gut oder schlecht die Vorkalkulation bzw. die Mitlaufende Kalkulation war. In den meisten Fällen werden aber die Werte der Nachkalkulation durch die Arbeitsplanung festgelegt. Zu hohe und realistische Zeitwerte der Arbeitsplanung werden im Betrieb „verbraucht", zu niedrige

meist reklamiert und korrigiert, und da die Fertigungskosten zeitpro-
portional verrechnet werden, bestimmt auch die Arbeitsplanung die
Kostenhöhe.

Nach verschiedenen Untersuchungen werden die Haupt- und Neben-
zeiten gut geschulter Zeitkalkulatoren kaum ±10% und die Rüstzeiten
kaum ±30% Streuung unterschreiten. Da aber vielfach nur 20% des Kon-
struktionsumfangs von Erzeugnissen neu ist und durch das Gesetz der
großen Zahl die Streuwerte sich reduzieren, kann für komplexe Erzeugnisse dieser Fehler toleriert werden.

Bei der Ziel- und Begleitkalkulation werden die Kalkulationsfehler
noch größer sein. Trotzdem kann auf diese Kalkulationen nicht verzichtet
werden, wenn die Wirkungen der Zielvorgaben und der Überwachung
ausgenutzt werden sollen.

Fehlerausgleich

Wesentlich verbessern lässt sich die Kalkulation, wenn man sie unterteilt,
das heißt, wenn man die Gesamtkosten aus einer Summe von Einzelkosten
zusammenstellt. Solange keine methodischen oder systematischen Fehler
beim Ermitteln der Kosten bestehen, kann man bei unterteilter Kostenermittlung davon ausgehen, dass sich die Fehler zum Teil ausgleichen.
Unter Annahme einer Gaußschen Verteilung der Fehler ergibt sich ein
Fehlerausgleich nach der Formel

$$F = \pm \frac{f}{\sqrt{n}} \text{, wenn}$$

F = der Fehlerprozentsatz der Gesamtkosten ist,

n = als Anzahl der Einzelteile, für die Kosten ermittelt wurden und

f = den durchschnittlichen Fehlerprozentsatz bei den einzelnen
Teilen darstellt.

Beispiel zu 3.6 a: Schätzfehler bei komplexen Produkten

Eine Baugruppe habe 100 Teile, für die die Kosten mit jeweils ±50%
geschätzt wurden. Der Fehlerprozentsatz der Baugruppe ergibt sich dann
mit

$$F = \pm \frac{0,50}{\sqrt{100}} = \pm 5\%.$$

In Abb. 64 sind auch methodische Fehler mit ±5% berücksichtigt.

Abb. 64. Vertrauensbereich
von Kalkulationswerten in Abhängigkeit von der Anzahl
der Einzelteile, die mit ±50%
Genauigkeit kalkuliert wurden

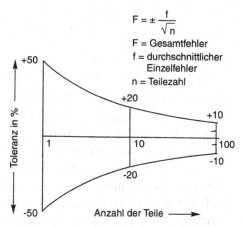

Der Fehlerausgleich erfolgt in dem Bild durch statistische Einengung,
wobei ein methodischer Fehler von ± 5% (als Asymptote) einkalkuliert
wurde.

Beispiel zu 3.6b: Schätzfehler bei „neuen Produkten"

Bei einem „neuen Produkt" seien 20% der Teile ganz neu und mit
einem sehr hohen Kalkulationsfehler von ±30% in der Zielkalkulation
angesetzt. 80% der Teile bzw. Montagen seien Wiederholteile oder Varianten mit einem Kalkulationsfehler von ±5%. Damit wird der Gesamtfehler der Zielkalkulation

$$F_z = \pm(20 \times 0{,}30 + 80 \times 0{,}05)\% = \pm10\%.$$

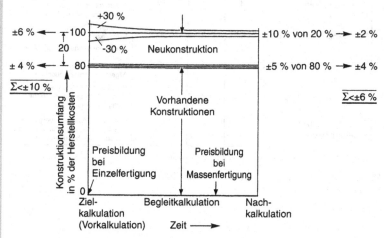

Abb. 65. Auswirkungen von Ungenauigkeit der Kalkulation

Die Nachkalkulation zeigt einen Fehler auf von ±10% bei 20% der Kosten und wiederum 5% von 80% der Kosten. Damit wird der Fehler der Nachkalkulation

$$F_N = \pm(20 \times 0{,}10 + 80 \times 0{,}05)\% = \pm 6\%.$$

Diese Gesamtfehler der Kalkulationen sind sicherlich nicht zufriedenstellend, insbesonders, wenn man weiß, dass die Gewinnmargen in ähnlicher Höhe liegen. Doch wird zumindest ersichtlich, dass auch bei großen Abweichungen der Einzelteilkalkulationen bedingt vertretbare Abweichungen beim Gesamterzeugnis erzielt werden.

Die Auswirkungen, die das „Gesetz der großen Zahl" auf die Genauigkeit der verschiedenen Kalkulationen von Baugruppen und umfangreichen Erzeugnissen hat, zeigt Abb. 66. Darin sind auch „methodische Fehler", wie sie bei den einzelnen Kalkulationen üblich sind, eingerechnet. Da es keine „richtigen Kosten" gibt, bedeuten ganz kleine Fehlerraten oder Striche nicht 0-Abweichungen zum richtigen Wert, sondern nur zu dem Wert, der mit detaillierter Arbeit als wahrscheinlichster Kostenwert zu ermitteln wäre.

Zuständig	Ermittlungsverfahren Anzahl der Teile →	Genauigkeit in ± %			Anwendungsbereiche
		Gesamt-produkt 10.000	Bau-gruppe 100	Zeich-nungs-teil 1	
E	Kostenschätzung	10	20	50	Zielvorgabe für Gesamtprodukte und Baugruppen Prinzipbeurteilung
E EB	Kostenüberschlags-rechnung	8	18	40	Relativkostenrechnung für Entwurfsbeurteilung
EB AV	Werkskostenrechnung	5	15	30	Änderungskalkulationen Schnellkalkulationen Baugruppen- und einfache Teile-kalkulation
EB AV	Stellenkostenrechnung	2	10	20	Preiskalkulationen, Allgemeine Kostenrechnung
AV	Platzkostenrechnung	–	2	5	Schwierige Teilekalkulationen, einfache Verfahrensvergleiche, Richtpreiskalkulationen
AV	Erweiterte Einzel-kostenrechnung	–	–	2	Schwierige Verfahrensvergleiche, Eigenfertigung oder Auswärtsbezug Investitionsrechnungen usw.

E = Entwicklung; EB = Entwicklungsberatung; AV = Arbeitsvorbereitung

Abb. 66. Kostenermittlungsverfahren und erzielbare Genauigkeit

KAPITEL 4

Einsatz der Kostenrechnung bei der Preisbildung und Entwicklung

Mit der Auswahl und Entwicklung der Produkte sind die Gewinnchancen eines Fertigungsunternehmens im Wesentlichen festgelegt. Verschiedene Richtungen des Denkens sind dabei erforderlich:

1. Das Funktionsdenken
   - Was soll das Produkt tun?
2. Das Wertdenken
   - Welchen „Wert" (welche Gewinnchance) soll das Produkt schaffen?
3. Das Alternativendenken
   - Welche Wege gibt es zur Funktionserfüllung und Wertoptimierung?

Zu 1. Das Funktionsdenken muss sich im Pflichtenheft niederschlagen, das markt- bzw. kundenorientiert ist, aber auch die Einsatzbedingungen und die eigenen technischen, technologischen und finanziellen Chancen berücksichtigt. Jedes Pflichtenheft ist zeitgebunden und legt damit auch die „Lebensdauer" des zugehörigen Produkts fest.

Zu 2. Das Wertdenken hat 3 Dimensionen:

Das Denken in <u>Mengen</u>:

- Wie oft ist dieses Objekt absetzbar? -

Bei Einzelfertigung kann diese Frage auf die Einzelkomponenten des Produkts auf das mehrfach verwendbare „know-how" bezogen werden. Und Bestrebungen, die Absatzmengen zu erhöhen, können oftmals berechtigte Maßnahmen zur Kostensenkung bremsen.

Das Denken in <u>Erlösen</u>:

- Welcher Preis ist für das Produkt zu erzielen?

Der markt- oder kundengerechte Preis ist zwar meistens schwer zu ermitteln. Bei der Erstellung des Pflichtenhefts muss der Entwickler jedoch nicht nur für das Gesamtobjekt, das einen bestimmten Grundpreis rechtfertigt, den Preis abschätzen, sondern auch für jede Wunsch- bzw. Zusatzfunktion, der der Kunde einen bestimmten Wert (Preisanteil) beimisst. Der Erlös ist andererseits Voraussetzung für die Abdeckung der entstehenden Kosten und für den erforderlichen Deckungsbeitrag. So muss auch der Planer und Entwickler den Blick für Erlöschancen bekommen.

Die dritte Dimension des Wertbegriffs ist

das Denken in <u>Kosten:</u>

– Was darf das Produkt kosten?

Die Obergrenze der Kosten errechnet sich i. Allg. aus dem erzielbaren Preis des Produkts oder aus dem Gesamterlös bei Serien. Im Erlös muss ein angemessener Anteil an Deckungsbeitrag (kurzfristig betrachtet) oder Netto-Gewinn (langfristig betrachtet) zur Unternehmenssicherung enthalten sein. Dieser Anteil ist branchenspezifisch und vor allem von der Finanzlage abhängig. Wenn darüber hinaus noch individuelle Chancen des Unternehmens bestehen, sollten diese ausgenützt werden.

Zu 3. Die dritte Denkrichtung im Entwicklungs- und Preisgestaltungsstadium ist das Denken in Alternativen. Wer heute immer nur das anbietet, was andere auch haben, kann nur mit einem niedrigen Preis argumentieren. Das Besondere, das Neue, das Einmalige, das zugleich auch Kundeninteresse finden oder schaffen lässt, bietet Preischancen, wie sie bei Standardlösungen nicht zu realisieren sind. Es ist jedoch schwierig, und verlangt viel Eigenkritik, zu beurteilen, welche Eigenschaften der Kunde wirklich wertachtet und welche nur Vorliebe beim Entwickler oder Verkäufer finden.

Zur Beurteilung der Gewinn-Chancen dienen:

• die Produktionsprogrammanalyse, die aufzeigt, welchen Gewinn die einzelnen Produkte kurz-, mittel- und langfristig einbringen,
• die Produktanalyse, die eine detaillierte Untersuchung neu oder weiter zu entwickelnder Produkte darstellt und
• die Entwicklungsprogrammanalyse, die potenzielle Entwicklungsaufgaben im Hinblick auf ihre künftigen Erfolgschancen beurteilt.

In diesem Kapitel sollen nun folgende Gebiete aus dem Einflussbereich der Entwicklung und Kalkulation behandelt werden:

- Preisbildung bei Voll- und Teilkostenrechnung,
- Kostenzielvorgabe mit Gliederung der Kostenziele,
- Kostenüberwachung während der Entwicklungszeit durch Zwischen- kalkulationen und
- Ergebniskontrolle mit Absatzmengenbeurteilung.

Die Vorgehensweisen der Kalkulation sind bei Einzel- und Serienferti- gung zwar etwas verschieden und die Unterlagen sind jeweils an die speziellen Verhältnisse angepasst, die Phasen der Zielvorgabe, der Ziel- überwachung und der Ergebniskontrolle sind jedoch fast gleich. Ledig- lich der Zeitpunkt für die Preisbildung kann verschieden sein, während Preisvorstellungen sowohl in der Einzelfertigung wie auch bei der Serien- und Massenfertigung bereits vor der Entwicklungsfreigabe bestehen müssen.

4.1
Preisbildung

Bei der Einzel- oder Auftragsfertigung ist der Ablauf der Preisbildung etwa folgendermaßen:

1) Anstoß für eine Entwicklung und Kalkulation ist meistens eine *Anfrage*, die vom Vertrieb möglichst so spezifiziert wird, dass sie auf einem von der Entwicklung vorgeschriebenen Standardformular (Anforderungsschema oder Pflichtenheft 1) erfasst werden kann. So sind mit Sicherheit alle notwendigen Daten angesprochen und, wenn möglich, ist der Auftrag bereits auf die eigene Fertigung ausgerichtet. Ferner sind Anregungen für Verbesserungen, Zusatzkomponenten und Betriebsstoff- oder Ersatzteilelieferungen in das Angebot eingebaut.

2) In einer *Offertzeichnung* mit beigefügten „Technischen Daten" werden zunächst die Details des Angebots aus Sicht des Kunden zusammen- gestellt.

3) Eine *Angebotsunterteilungsliste* erfasst das Mengen- und Zeitgerüst und zwar nach Funktionsgruppen mit Materialmengen und Zeiten (Rohteilanlieferungen, Musterteillieferungen usw.) für verschiedene Fachbereiche geordnet.

4) Aus einer *Funktionsgruppen-Kostenliste*, für die internen Belange, die die aktuellen Kostendaten aller Funktionsgruppen enthält, können die

erforderlichen Kosten entnommen werden. Ferner sind hier auch Korrekturfaktoren für besonders schwierige Arbeiten, Risiko- und Teuerungsfaktoren vermerkt.

5) Die *Kostenzusammenstellung* bildet nun die Basis für die Angebotskalkulation, die neben den Kosten und üblichen Zuschlägen den erforderlichen und vertretenen Deckungsbeitrag oder Gewinn mit ausweist.

6) Die *Angebotskalkulation* ist nach den Belangen des Abnehmers gegliedert und enthält Preise, die nach absatzpolitischen Überlegungen im Bewusstsein der Kosten gebildet wurden.

7) Ist der Auftrag eingegangen, wird eine *Auftragskarte* o. ä. erstellt, in der die Angebotsdaten als SOLL vorgegeben sind, als Materialdaten, als Zeitdaten zur Terminplanung und als Fertigungskostendaten zur Mitlaufenden Kalkulation. Meistens wird heute der SOLL-IST-Vergleich als EDV-Ausdruck erstellt und wöchentlich oder monatlich verfolgt.

8) Nach Abschluss des Auftrags wird in einer Nachkalkulation bzw. in einem *Ergebnisbericht* der Auftrag im Hinblick auf den Erfolg analysiert, wodurch zugleich Daten für die Verbesserung künftiger Angebote gesammelt werden.

Bei Grundlagenentwicklungen für die Einzelfertigung und bei Serienentwicklungen sind Preisvorstellungen bzw. Selbstkostenziele bereits vor Beginn der Entwicklungsarbeiten vorhanden. Hier muss vielfach der „Marktpreis" oder „Funktionspreis" als Ausgangsbasis der Entwicklung angesehen werden und im Hinblick auf dieses Ziel hin muss konstruiert werden. Die Kostenvorgabe für Produkte basiert auf einer geplanten Produktionsmenge (Stückzahl) und Produktionsleistung (Stück je Jahr), anderfalls ist keine kostengerechte Entwicklung möglich.

4.1.1
Vollkosten-Preis

Dort, wo es keine Marktpreise im Sinne von „am Markt feststellbarer Preisvorstellungen" gibt, überall in der komplexen Einzelfertigung, im Sondermaschinenbau, bei umfangreichen Ausschreibungen usw. dient die Vollkostenrechnung, ergänzt durch Erfahrungswerte über erzielbare Gewinne oder notwendige Abschläge als Basis für die Preisfindung.

Aber auch dort, wo Marktpreise bekannt sind, dient der „Vollkostenpreis" als wichtiges Kriterium für die Beurteilung der langfristigen Produktchancen. Daher ist es üblich, für alle marktgängigen Produkte die Vollkosten zu ermitteln, wenngleich die Deckungsbeitragsrechnung für kurzfristige Entscheidungen wichtig ist und in zunehmendem Maße in der Industrie Eingang findet. Auch bei Neuentwicklungen ist zunächst zu klären, ob die geplanten Produkte über ihre vollen Kosten hinaus noch Gewinn abwerfen, und besonders bei Serienprodukten, die über mehrere Jahre laufen, ist der Vollkostenpreis Voraussetzung für die Serienaufnahme.

Bei Serienprodukten, die als Nachfolgetypen oder als Weiterentwicklungen beurteilt werden müssen, ist eine Vollkostenkalkulation aus zwei Richtungen notwendig: Ausgehend vom „erzielbaren Marktpreis" und dem erforderlichen Deckungsbeitrag zeigt die retrograde Kalkulation (vom Preis rückschreitend die Kosten ermittelnd), wo die Obergrenze der Herstellkosten 2 liegt.

Basierend auf den Vergleichskosten der erforderlichen Aggregate lassen sich auch Herstellkosten 1 und, unter Beachtung der Investitionsumlage, die Herstellkosten 2 progressiv (von den Kostenanteilen vorwärts schreitend) errechnen. Schlägt man auf die HK2 den üblichen %-Satz für den Deckungsbeitrag, eventuell in einzelnen Stufen

a) für Verwaltung,
b) für Vertrieb,
c) für Gewinn u.ä.,

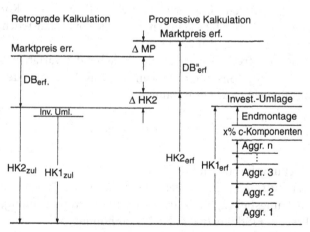

Abb. 67. Kosten- und Marktpreislücke bei retrograder und progressiver Kalkulation

erhält man den „erforderlichen Marktpreis", der den erzielbaren Marktpreis nicht übersteigen darf. Ein Abgleich ist hier unbedingt notwendig
(vergl. Abb. 67).

Abbildung 67 zeigt beide Kalkulationsrichtungen und das Problem
(ΔMP), das die Diskrepanz zwischen den beiden „Marktpreisen" mit sich
bringt.

– Welche Bedeutung haben nun die Vollkosten? –

Die Preisbildung ist kein mathematisches sondern ein politisches
Problem: Die Kalkulation kann zwar kurzfristige, mittelfristige und langfristige Mindestpreise ermitteln, sie kann auch, unter gewissen Bedingungen, Höchstpreise als Abwehrpreise feststellen, den Angebotspreis
wird sie jedoch nur in Sonderfällen, als Selbstkostenpreise bzw. Kosten-
erstattungspreise o. ä., ermitteln können.

Besteht für ein bestimmtes Produkt kein übersichtlicher Markt, oder ist
das Produkt ein neu entwickeltes Objekt, dann ist es zweckmäßig, neben
dem auf Grenzkosten oder auf einem spezifischen Deckungsbeitrag auf-
bauenden Mindestpreis auch einen Vollkostenpreis zu errechnen. Dieser
Preis soll aufzeigen, welche Kosten eine potenzieller Konkurrent in Ansatz
bringen muss, um neben einer vollen Kostendeckung auch noch einen angemessenen Gewinn zu erwirtschaften. Dieser „Pseudo-Marktpreis" muss
dann jeweils noch nach der spezifischen Marktsituation beurteilt werden.

Bei Serienprodukten ist noch folgende Überlegung angebracht: Steigen-
de Kosten fordern Preiserhöhungen, um einen angemessenen Deckungsbeitrag zu sichern. Wie der Markt auf Preiserhöhungen reagiert, lässt sich
nur schwer abschätzen. Dagegen ist bei vollkommener Konkurrenz
und vorhandener Kapazität (kein Engpass!) leicht festzustellen, wo die
Grenzen für Preiserhöhungen liegen:

Unter Annahme freier Kapazität, gleichbleibender variabler Kosten je
Einheit, bedingt ein konstanter Deckungsbeitrag D je Periode folgende
Produktionsmengen bzw. Absatzzahlen:

$$DB = n_1 \, d_1 = n_1 \, (p_1 - k_{var})$$
$$ = n_2 \, d_2 = n_2 \, (p_2 - k_{var})$$

mit

DB = Deckungsbeitrag in €/Periode,
$n_{1/2}$ = Verkaufsmenge in Stk/Periode vor/nach der Preiserhöhung,
$d_{1/2}$ = Deckungsbeitrag in €/Stk vor/nach der Preiserhöhung,
$p_{1/2}$ = Preis in €/Stk vor/nach der Preiserhöhung,
k_{var} = variable Kosten in €/Stk.

Wenn

$$n_2 \geq n_1 \frac{d_1}{d_2} = n_1 \frac{p_1 - k_{var}}{p_2 - k_{var}},$$

bringt eine Preiserhöhung keinen geringeren Gesamtdeckungbeitrag. Die Abschätzung, ob die Verkaufsmenge n_2 abzusetzen ist, ist meist wesentlich leichter als die Darstellung der Nachfragekurve in Abhängigkeit vom Preis. (= Welche Mengen lassen sich bei welchen Preisen absetzen?).

Beispiel zu 4.1.1: Preis und Absatzmenge

Der derzeitige Erlös (Preis) eines Produkts sei

$$p_1 = 1,00$$

und die variablen Kosten

$$k_{var} = 0,60\% \text{ dieses Wertes.}$$

Um wieviel darf die Absatzmenge n_1 zurückgehen, wenn der neue Preis p_2 um 10% höher sein soll als der bisherige?

Lösung:

$$p_1 = 1,00, \qquad k_{var} = 0,60$$

$$p_2 = 1,10, \qquad n_{2\,min} = \frac{1,00 - 0,60}{1,10 - 0,60}\, n_1 = 0,80\, n_1.$$

Ergebnis:

10% Preiserhöhung rechtfertigt 20% Absatzeinbuße bei gleichem Deckungsbeitrag je Periode.

Analoge Überlegungen für die Beschäftigungspolitik lauten:

Welche Preisreduzierung ist zu verkraften, wenn 25% mehr abgesetzt werden soll?

Ergebnis:

Der Preis darf um 8% niedriger liegen. Reicht dies nicht aus, den Absatz um 25% zu stimulieren, dann ist es wirtschaftlich besser, den höheren Preis beizubehalten.

4.1.2
Teilkostenpreis und Deckungsbeitrag

Fixe Kosten sind kurzfristig nicht zu beeinflussen. Für alle kurzfristigen Entscheidungen sind damit Fixkosten auch nicht relevant. Das bedeutet aber, dass Kalkulationen hierfür nur auf den variablen Kosten – genau genommen auf den Grenzkosten – aufbauen müssen.

Soweit die Fixkosten aber unvermeidbar sind, müssen sie jedoch von allen Produkten zusammen erwirtschaftet werden und überdies muss langfristig auch noch ein Überschuss als Gewinn erscheinen. Das bedeutet, dass, wenn nicht die Vollkostenrechnung betrieben wird, ein anderes Verfahren oder Prinzip der Fixkostenverrechnung angewandt werden muss. Hierfür kommen in Frage:

Das Verursachungsprinzip
(– Die Kosten sind den sie verursachenden Leistungen anzurechnen –)
Dieses Prinzip ist bei der Grenzkostenkalkulation für Entscheidungen auf kurze Sicht konsequent beachtet. Da viele Kosten jedoch ursächlich nicht bestimmten Leistungen zuzuordnen sind, bleibt ein großer Kostenblock offen, der nach anderen Kriterien verteilt werden muss.

Das Deckungsprinzip
(– Alle Kosten sind von allen Leistungen zu tragen –)
Dieses Prinzip gilt nur für die Summe. Wie die Differenz zwischen der Summe und den verusachungsgerecht zu verteilenden Kosten umzulegen ist, bleibt offen.

Das gewinnwirtschaftliche Prinzip
(– Der langfristige Gewinn ist zu maximieren –)
Auch hier ist nur über die Preisbildung für das Gesamtunternehmen etwas ausgesagt. Die Einzelprodukte sind nicht angesprochen.

Das Tragfähigkeitsprinzip
(– Die Kosten sind den Produkten nach Maßgabe ihrer Tragfähigkeit zuzuordnen –)
Dieses Prinzip orientiert sich am Markt, der jedoch nicht starr vorgegeben ist, sondern durch besondere Marktstrategien Marketing, Werbung und weiteren Förderungsmaßnahmen bei den Produkten unterschiedlich zu beeinflussen ist. Unter den erwähnten Prinzipien ist es jedoch das einzige, das produktspezifisch zur Aufteilung des Fixkostenblocks etwas aussagt.

Alle diese Prinzipien bedürfen besonderer Ansätze, um die Kosten, die nicht verursachungsgemäß zu verteilen sind, im Sinne des Unternehmens günstig zu verrechnen. Folgende Fälle sind dabei zu beachten:

1) Gewinnwirtschaftliche Rangreihe bei freier Kapazität

Solange ein Unternehmen freie Kapazitäten hat, und zusätzliche Aufträge keine anderen Produkte verdrängen, andererseits aber auch nicht gezwungen ist, bestimmte Anlagen zu beschäftigen bzw. zu betreiben und zu bezahlen, ohne dass verkäufliche Waren erzeugt werden, unter diesen Bedingungen entstehen als Zusatzkosten für Zusatzproduktion lediglich die „Grenzkosten".

Bis zur Vollauslastung sind, nach fallendem Deckungsbeitrag favorisiert, alle Aufträge aufzunehmen, die mehr als die Grenzkosten bringen.

> Die Grenzkosten sind damit die Preisuntergrenze.
> oder
> Grenzpreis = Grenzkosten.

Der erzielbare Deckungsbeitrag orientiert sich am Markt bzw. am „branchenüblichen Gewinn". Die „Vollkosten" dienen lediglich als Orientierungshilfe.

Die Orientierung an den Grenzkosten bringt zunächst folgende Probleme:

- „Grenzkostenaufträge" oder solche, die zumindest nicht genügend Deckungsbeitrag erreichen, dürfen nur als Lückenfüller und nur für beschränkte Zeit übernommen werden. Sie zehren an der Substanz und sollten möglichst bald durch bessere Kostendecker ersetzt werden.
- Durch „Grenzkostenaufträge" wird das Preisgefüge abgesenkt, wodurch langfristig neue Probleme entstehen.
- „Grenzkostenaufträge" dürfen nicht Kapazitäten belegen, die von besseren Aufträgen zu nutzen wären. Daher Vorsicht bei langfristigen Aufträgen, die nicht genügend Deckungsbeitrag erwirtschaften.
- Sobald einzelne Aufträge nicht genügend Deckungsbeitrag bringen, muss sofort geprüft werden, wo die Rentabilitätsgrenze (Break even point) liegt, denn der Umsatz wächst dann nicht mehr proportional zur Auslastung, und die Erlöskurve fällt ab (geringere Steigung!). Es muss ständig und regelmäßig geprüft werden, ob der Gesamt-Deckungsbeitrag die Fixkosten noch abdeckt.

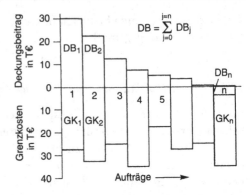

Abb. 68. Priorität der Aufträge bei freier Kapazität ohne Auslastungszwang

2) Gewinnwirtschaftliche Rangreihe bei einem Engpass

Engpässe sind so zu belegen, dass für das Unternehmen ein möglichst hoher Deckungsbeitrag erzielt wird. Besteht nur ein Engpass, dann erhält man die gewinnwirtschaftliche Rangreihe der Produkte durch Ordnung der Aufträge nach fallendem spezifischen Deckungsbeitrag DB_{spez}

$$DB_{spez} = \frac{\text{Deckungsbeitrag}}{\text{Engpassbelegung}}.$$

Der letzte Auftrag, der noch erfüllt werden kann wird als „randständig" bezeichnet. Er zeigt den Mindestwert des spezifischen oder absoluten Deckungsbeitrags alternativer Aufträge.

Grenzpreis = Grenzkosten + Opportunitätskosten.

Die Opportunitätskosten entsprechen hier dem Produkt aus Engpassbelegung × spezifischem Deckungsbeitrag des randständigen Erzeugnisses, also dem absoluten Deckungsbeitrag dieses Auftrags, wenn ein Alternativauftrag die gleiche Kapazität benötigt.

Benötigt ein Alternativauftrag mehr oder weniger Kapazität, muss über die Kapazitätsdifferenz entschieden werden. Sind bei mehr Kapazitätsbedarf Terminverschiebungen möglich, kann mit dem gleichen spezifischen Deckungsbeitrag für die Folgeperiode gerechnet werden.

Anstelle nur die Preisuntergrenze mit Hilfe des spezifischen Deckungsbeitrags des randständigen Produkts zu errechnen, wird vielfach auch folgender Gedanke verfolgt: War die letzte Periode zufriedenstellend vom Deckungsbeitrag aus, gemessen an den Marktchancen und der geplanten Auslastung, kann auch der durchschnittlich erreichte spezifische Deckungsbeitrag dieser Periode als Basis für die Richtpreisbildung

Abb. 69. Gewinnwirtschaftliche Rangreihe der
Produkte bei einem Engpass

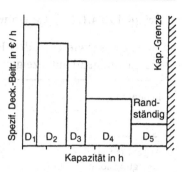

verwendet werden. Ein neuer Auftrag sollte möglichst nicht weniger einbringen als diesem Durchschnitt entspricht, sonst drückt er diesen Wert in
der neuen Periode. Dieser Mittelwert errechnet sich nach der Beziehung:

$$DB_{spez} = \frac{\Sigma \text{ Deckungsbeitrag}}{\Sigma \text{ Kapazität}}.$$

Bei auslastungsabhängigen Kapazitätskosten (etwa durch Schichtzu-
schläge) ergibt sich die Grenze wirtschaftlicher Auslastung aus dem
Schnittpunkt der spezifischen Kapazitätskostenkurve mit der Kurve des
spezifischen Deckungsbeitrags.

Werden bei Schichtbetrieb Zuschläge beim Lohn und den Zulagen
bezahlt, mindern diese den spezifischen Deckungsbeitrag. So reduziert
ein Schichtzuschlag von 25 % auf 25 €/h Fertigungszeit und 80 % Lohnnebenkosten den spezifischen Deckungsbeitrag je Arbeitsstunde um
11,25 €/h. Hierdurch sind einfache Arbeitsplätze sicher nicht mehr wirtschaftlich in der zweiten oder gar in der dritten Schicht zu besetzen. In
Abb. 66 wird der Gewinn von Auftrag 4 größtenteils durch Zulagen verzehrt und Auftrag 5 völlig unwirtschaftlich.

Abb. 70. Verringerung des Deckungsbeitrags durch Schichtzulagen

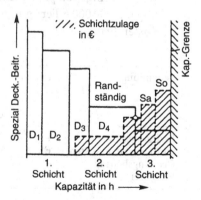

Beispiel zu 4.1.2, 2): Gewinnwirtschaftliche Rangreihe von Aufträgen

Für die ausgewiesenen drei Bauaufträge sind die Kosten ermittelt und die nachfolgend aufgezeigte Angebotspreise realisierbar:

Benennung	Einheit	Angebot Nr. 1	2	3	Summe
Angebotspreis	€	400 000	500 000	600 000	1 500 000
Fertigungslohn	€	100 000	80 000	125 000	305 000
Var. Fertigungsgemeinkosten	€	80 000	64 000	100 000	244 000
Fixe Fertigungsgemeinkosten	€	60 000	48 000	75 000	183 000
Materialkosten (variabel)	€	85 000	213 000	213 000	511 000
Sonstige Fixkosten	€	35 000	45 000	57 000	137 000
Selbstkosten	€	360 000	450 000	570 000	1 380 000
Gewinn	€	40 000	50 000	30 000	120 000
Variable Kosten (Grenzkosten)	€	265 000	357 000	438 000	1 060 000
Deckungsbeitrag	€	135 000	143 000	162 000	440 000
Spezif. Deckungsbeitrag	€ DB / € FL	1,35*	1,79	1,30	1,44

* = 135 000 €/100 000 € = 1,35 usw.

a) Welcher Auftrag ist bei Überbeschäftigung der günstigste und warum?
b) Welcher Auftrag ist bei Unterbeschäftigung zu wählen, wenn aus Termingründen nur einer angenommen werden kann und warum?
c) Wo liegt die Preisuntergrenze für Auftrag 3 bei Unterbeschäftigung und warum?
d) Welchen Angebotspreis muss bei Vollbeschäftigung ein vierter Auftrag mit 100 000 € Fertigungslohn und 400 000 € sonstigen variablen Kosten bringen,

Benennung	Einheit	Ohne Verdrängung	Mit Verdrängung	Mit Durchschnitt
Fertigungslöhne	€	100 000	100 000	100 000
Sonst. variable Kosten	€	400 000	400 000	400 000
Deckungsbeitrag	€	130 000	162 000	144 000
Richtpreis	€	630 000	662 000	644 000

α) wenn Auftrag 3 als randständig (= letzter zu fertigender Auftrag) anzusehen ist?

β) wenn die kommende Periode gleich gut sein soll wie der Durchschnitt der 3 vorliegenden Aufträge ergäbe?

Zu a) Bei Überbeschäftigung ist Auftrag 2 der günstigste, da er den höchsten spezifischen Deckungsbeitrag erwirschaftet.

Zu b) Bei Unterbeschäftigung ist Auftrag 3 der günstigste, da er den höchsten absoluten Deckungsbeitrag erbringt und zudem noch die günstgste Beschäftigung ergibt.

Zu c) Die Grenzkosten (438 T€) bilden die Preisuntergrenze. Aber Vorsicht!!!

Zu d) – Siehe hierzu die kleine Tabelle! –

α) Wird der randständige Auftrag nicht verdrängt, dann sollte ein ebenso ungünstiger Auftrag mindestens den gleichen spezifischen Deckungsbeitrag erbringen wie der bisher schlechteste, nämlich 1,30 mal der Engpassgröße „Fertigungslohn". Dies ergibt einen Richtpreis von 630 000 €.

Wird durch den zusätzlichen Auftrag der randständige Auftrag verdrängt oder in die neue Periode verschoben, dann muss der Zusatzauftrag mindestens den gleichen absoluten Deckungsbeitrag erbringen wie der randständige nämlich 162 000 €. Der Richtpreis wird dann 662 000 €. Das Problem der Kapazitätsabstimmung ist bei dieser Aufgabe nicht angesprochen.

β) Der durchschnittliche spezifische Deckungsbeitrag sollte auch in der neuen Periode wieder erreicht werden, weshalb versucht wird, mit dem spezifischen Deckungsbeitrag von 1,44 € DB/€ FL den Maßstab zu setzen. Daraus resultiert ein Richtpreis von 644 000 €.

3) Gewinnwirtschaftliche Rangreihe bei mehreren Engpässen

Die Programmoptimierung durch Ermittlung der gewinnwirtschaftlichen Rangreihe der Produkte kann bei Mehrproduktunternehmen mit mehreren Engpässen durch lineare Planungsrechnung gefunden werden. Marktpreise, Grenzkosten und Kapazitätsdaten sind zunächst zu ermitteln. Die Ansätze für die Optimierungsgleichungen sind einfach. Zeitaufwendige Auswertung sind durch EDV zu lösen. Sind nur zwei Strukturvariable (Produkte) vorhanden (in Grenzfällen 3), dann lässt sich die

Optimierung graphisch darstellen und lösen. Für Kostenrechnung bzw. Grenzpreisermittlung gilt:

Grenzpreis = Grenzkosten + Opportunitätskosten.

Die Opportunitätskosten entsprechen dem entgangenen Gewinn der zweitbesten Verwendungsmöglichkeit des Engpasses (Verdrängung).

Beispiel zu 4.1.2, 3): Programmoptimierung bei mehreren Engpässen

Abbildung 71 zeigt die Werte, die bei der Programmanalyse für 2 Fahrzeugtypen erfasst und ausgewertet wurden. Die beiden Koordinaten verweisen auf die beiden Produktionsleistungen in 10^3 Fahrzeugen/Mo eines einfachen Typs 1 und eines aufwendigen Typs 2. (1 Monat (Mo) = 20 Arbeitstage (Atg) = 1 Doppeldekade (Ddc)). Verkaufskapazitäten sind die waagrechten und senkrechten Begrenzungen und die weitgehend substituierbaren Aggregatkapazitäten sind in den schrägen Linien dargestellt.

Beim Typ 1 ist der Deckungbeitrag 3000 €/Fahrzeug und bei Typ 2 4000 €/Fz. Die schwach ausgezogenen Parallelen stellen damit die Linien konstanten Gewinns (Äquigewinnlinien) dar.

1. Wo liegt das Gewinnmaximum?
2. Welche Kapazitäten bilden die Engpässe?
3. Welcher Gewinn wird im Gewinnmaximum erzielt?
4. Welcher Gewinn wird erzielt, wenn von Typ 2 10 000 Stk/Ddc produziert werden und Typ 1 die Restkapazität voll nutzt?
5. Wo liegt die Gewinnschwelle?

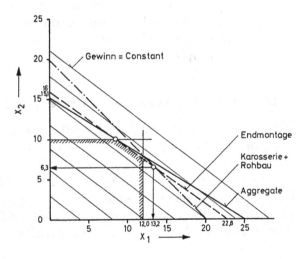

Abb. 71. Programm-optimierung mit linearer Planungs-rechnung

Programmoptimierung

Zielfunktion (Deckungsbeitrag DB ist zu maximieren!)

(1) $3000 \times x_1 \quad + \quad 4000 \times x_2 \quad = \quad DB \rightarrow Max$

Restriktionen:

Aggregat

(2) $20 \times x_1 \quad + \quad 33 \times x_2 \quad \leq \quad 500\,000$

Karosserie

(3) $12 \times x_1 \quad + \quad 12 \times x_2 \quad \leq \quad 240\,000$

Montage

(4) $35 \times x_1 \quad + \quad 50 \times x_2 \quad \leq \quad 800\,000$

Verkauf Typ 1

(5) $x_1 \quad + \quad 0 \times x_2 \quad \leq \quad 12\,000$

Verkauf Typ 2

(6) $0 \times x_1 \quad + \quad x_2 \quad \leq \quad 10\,000$

Nichtnegativbedingungen

(7) $x_1 \quad + \quad 0 \times x_2 \quad \geq \quad 0$

(8) $0 \times x_1 \quad + \quad x_2 \quad \geq \quad 0$

Lösung:

Zu 1) Das Gewinnmaximum liegt dort, wo das Poligon von Abb. 71 den größten positiven Abstand von der letzterreichten Isogewinnlinie hat. Das Bild zeigt, dass der höchste Gewinn erzielt wird, wenn für Typ 1 die volle Ausnutzung der Verkaufs- und Endmontagenkapazität eingesetzt ist. Dies ist bei 12 000 Fahrzeugen von Typ 1 erreicht. Für Typ 2 sollten dann die Restkapazitäten genutzt werden. Sie errechnen sich aus der Vertriebsgrenze von 12 000 Fz/Ddc von Typ 1 und der Kapazitätsgrenze von 800 000 h/ Ddc für die Endmontage nach der Beziehung:

$$12\,000 \times 35 + x_2 \times 50 = 800\,000.$$

Daraus folgt

$$x_2 = \frac{800\,000 - 12\,000 \times 35}{50} \; \frac{Stk}{Ddc} = 7600 \; \frac{Stk}{Ddc}.$$

Von Typ 1 sind 12 000 Stck/Ddc und vom Typ 2 sind 7600 Stck/Ddc zu fertigen.

Zu 2) Eine Kapazitätserweiterung ist

a) beim Verkauf von Typ 1 (12000 Stck/Ddc), wenig wirksam, da die Montagelinie fast parallel zu Isogewinnlinien verläuft!

b) bei Endmontage, (7600 Stk/Ddc, bestehen nur wenig Reserven zur Aggregatfertigung (7878 Stk/Ddc)).

Zur Beurteilung, was zweckmäßig ist zu einer Erweiterung, muss der spezifische Investitionsbetrag herangezogen werden, der zeigt, wieviel eine Kapazitätssteigerung je zusätzliche € Deckungsbeitrag kosten würde.

Zu 3) Der maximale Deckungsbeitrag und Gewinn errechnen sich zu

$$DB_{max} = (12\,000 \times 3000 + 7600 \times 4\,000) \text{ €/Ddc} = 66,4 \text{ Mio €/Ddc}$$

und bei 48 Mio€ Fixkosten ergibt sich der Gewinn zu

$$G_{max} = (66,4 - 48,0) \text{ Mio €} = 18,4 \text{ Mio €}.$$

Zu 4) Bei 10 000 Fz von Typ 2 verbleiben durch den Engpass „Aggregatfertigung" für Typ 1 nach der Beziehung

$$x_1 \times 20 + 10\,000 \times 33 = 500\,000$$

$$x_1 = \frac{500\,000 - 330\,000}{20} \frac{\text{Fz}}{\text{Ddc}} = 8500 \frac{\text{Fz}}{\text{Ddc}}.$$

Nach kurzer Zwischenrechnung ergibt sich für Deckungsbeitrag und Gewinn:

$$DB = 65,5 \text{ Mio € und } G = 17,5 \text{ Mio €.}$$

Interessant an diesen (proportionalisierten) Echtzahlen ist, dass die Gewinnunterschiede so gering sind, und dass alle Kapazitäten so nahe beieinander liegen.

Zu 5) Die Gewinnschwelle ist die Isogewinnlinie für einen Deckungsbeitrag, der gerade die Fixkosten abdeckt. In dem Beispiel ist dies die Isogewinnlinie von 48 Mio €/Ddc (4. Parallele im Bild).

Umwandlung für Simplexmethode

Zielfunktion

(1) $-3000\ x_1\ -\ 4000\ x_2\ -\ \quad\ -\ \quad\ -\ \quad\ -\ \quad\ -\ \quad\quad\quad =\ Db$

(2) $20\ x_1\ \quad +\ 33\ x_2\ \quad +\ \ x_3\ \quad\quad\quad\quad\quad\quad\quad\quad =\ 500\,000$

(3) $12\ x_1\ \quad +\ 12\ x_2\ \quad +\ 33\ x_3\ +\ +\ x_4{}^*\ \quad\quad\quad\quad =\ 240\,000$

(4) $35\ x_1\ \quad +\ 50\ x_2\ \quad\quad\quad\quad\quad +\ x_5\ \quad\quad\quad =\ 800\,000$

(5) $\ x_1'\ \quad\quad\quad\quad\quad\quad\quad\quad\quad\quad\quad +\ x_6\ \quad\ =\ 12\,000$

(6) $\quad\quad\quad +\ \ x_2'\ \quad\quad\quad\quad\quad\quad\quad\quad\quad +\ x_7\ =\ 10\,000$

* Freie Kapazität für Aggregatfertigung usw.

Einsetzen in Simplextableau, Aufsuchen der Pivotspalte, Pivotzeile, des Pivots und Lösung suchen durch Iteration.

Zur detaillierten Lösung muss auf die mathematische Fachliteratur verwiesen werden.

4.2
Kostenzielvorgabe

Entwicklungen sind stets mit Risiko verbunden. Die Kostenzielvorgabe und Kostenverfolgung sollen dieses Risiko mindern. Bei einfach überschaubaren Projekten reicht eine pauschale Kostenzielvorgabe. Bei länger laufenden Projekten kann das Kostenziel zeitlich gegliedert und in Form der Mitlaufenden Kalkulation verfolgt werden, oder das ganze Entwicklungsziel wird eingeteilt in „Freigabestufen", die sowohl Kontroll- wie auch Entscheidungsstufen darstellen. Sind die Projekte schließlich sehr umfangreich, dann empfiehlt sich die Kostenzielgliederung nach Funktionsgruppen und Verantwortungsbereichen.

4.2.1
Ableitung der Kostenziele

Eine realistische Vorgabe von Kostenzielen ist eine wesentliche Voraussetzung für die Akzeptanz und Wirksamkeit dieses Anreizes. Nur wenn Entwicklern und Planern das Erreichen der Vorgabewerte als möglich erscheint, werden sie sich intensiv um Einhaltung bemühen. Zu hoch gesteckte Ziele frustrieren. Daher ist eine nachvollziehbare Ableitung der

Kostenziele von anerkannten Basen ausgehend, notwendig. Folgende vier Ausgangswerte sind heute gebräuchlich:

1. Das Ideal.
2. Der Nutzwert.
3. Der Markt.
4. Vergleichsobjekte.

Die Kostenziele großer, komplexer Erzeugnisse sind zu unterteilen,

1. um die Kostenverantwortung bestimmten Personen zuordnen zu können:
   Kostenziele   → SOLL-Kosten
   Entwickelte Lösung   → IST-Kosten,
2. um beim Suchen von Lösungen durch eine schrittweise Konkretisierung das Lösungsfeld systematisch voll ausreizen zu können,
3. um alternative Lösungen vergleichen zu können.

Funktionsgruppen sind vergleichbare Bereiche, während Baugruppen oft sehr verschieden abgegrenzt sind. (Beispiel: Die Teile der Funktionsgruppe „Feststellbremse" beim Pkw sind in folgenden Baugruppen aufgeführt: Karosserie, Bodenanlage, Hinterachse o.ä.) (Anwendung des

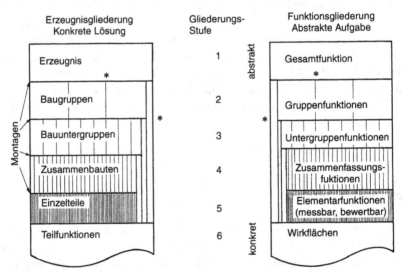

* Gliederungsstufen und Abgrenzungslinien nicht an gleicher Stelle

Abb. 72. Analogie zwischen Erzeugnisgliederung und Funktionsgliederung

Funktionsgruppenvergleiches bei Konkurrenz-Analysen, Nutzwert-Analysen, Tests, Schadens-Analysen usw.

a) Das Ideal

Bei der Fabrikplanung ist es schon seit Generationen [19] gebräuchlich, die Planung mit einem Idealplan zu beginnen. Daraus wird der Endausbauplan entwickelt. Stufenpläne zeigen dann die Zwischenschritte, die vom IST-Zustand zum Endausbauplan (als Realplan) führen. Professor Nadler [20] hat dieses Prinzip zu einer allgemeinen Rationalisierungstechnik ausgebaut und REFA hat dies in seine 6-Stufenmethode der Arbeitssystemgestaltung übernommen.

Um das Kostenziel zu finden, sucht man zunächst nach der Ideallösung für die zu lösende Aufgabe. Dabei werden zuerst alle Randbedingungen und Einschränkungen vernachlässigt und die günstigsten Verhältnisse angenommen, z.B.: unendlich große Stückzahlen, unendlich lange Bauzeiten, unendlich viel Investitionskapital usw. Durch allmähliche Einführung der Restriktionen wird dann das Ideal immer mehr den realen Bedingungen angepasst, bis es schließlich ganz zu einer Reallösung gewandelt ist. Diese Vorgehensweise erscheint zunächst etwas umständlich. Sie führt jedoch zwangsläufig zur temporär günstigsten Lösung.

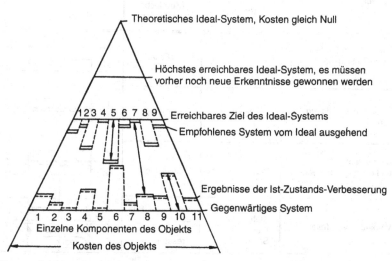

Abb. 73. Ebenen von Idealsystemen eines Objekts nach Nadler [20]

Beispiel zu 4.2.1 a: Bionik als Ideallösung

Dieses Beispiel soll zeigen, wie das Ideal etwa durch biologische Analogie (Bionik) (BIONIK= **BIO**logie und Tech**NIK**) gefunden werden kann:

Das Verschließen der Kernlöcher der Kurbelgehäuse von PKW-Motoren erfolgte bis vor wenigen Jahren noch nach etwa 10 verschiedenen Methoden mit Schrauben, Stopfen, Aufschraubdeckeln usw. (Kernlöcher sind Öffnungen an Hohlgussteilen, die durch die Lagerzapfen für die Sandkerne beim Gießen entstehen. Sie müssen bei Motorgehäusen verschlossen werden, damit das Kühlwasser nicht herausläuft).

Formal besteht hier die Aufgabe, zwei Medien (Kühlwasser im Kurbelgehäuse und die den Motor umgebende Luft) voneinander zu trennen. Analoge Aufgaben in der Natur sind: Schützen von „Apfelfleisch" oder „Zwetschgenfleisch" vor Ästen, Blättern, Bakterien, Luft usw.

Abbildung 74 zeigt, wie die verschiedenen Problemkomponenten bzw. Aufgabenkomponenten im biologischen Beispiel und bei der technischen Lösung sehr ähnlich ausgeführt werden. Da die Lösung des Ideals und eine erreichbare Reallösung sehr nahe beieinander liegen, verwundert es nicht, dass heute weltweit die so dargestellte „temporäre Optimallösung" ohne Alternativen dort eingesetzt ist, wo die Lösbarkeit der Verbindung nicht gefordert ist.

Problem	Biologische Lösung (Apfel)	Technische Lösung (Kernloch-verschluss)	Ausführung
Trennen von Stoffen (Gas, Flüssigkeit, Feststoff)	Film Haut	Folie	
Mech. Beschädigung vermeiden	Schale	Blech	
Bakterieller und chemischer Beanspruchung widerstehen	Wachsschicht	Zinkschicht	
Verbinden von Teilen	Materialschluss Klebmasse Klammern Saugnäpfe	Verschweißen Löten Kleben Pressen	ideal real

Abb. 74. Kostenzielbildung durch IDEAL-Vorgabe mit Bionik

b) Der Nutzwert

Nach dem ersten Gossenschen Gesetz dürfen die Kosten für ein Produkt nicht höher sein als der Nutzen, den dieses Produkt bringt. Damit eine klare Kostengrenze zu setzen ist, muss der Nutzen quantifizierbar sein.

Bei Wirtschaftsausgaben wie Investitionsgütern oder bei Produkten mit untergeordnetem Geltungswert ist häufig der Nutzwert bekannt oder leicht zu ermitteln. Damit lässt sich hier auch ein Grenzwert für die Produktkosten errechnen.

Dagegen macht es in der Praxis meist große Schwierigkeiten, den Geltungswert von Objekten, der ja subjektiv und bei den einzelnen Nutzern sehr unterschiedlich ist, zu quantifizieren. Bei dieser Beurteilung ist auch zu klären, welche Zielgruppe anzusprechen ist. Soll bei Serienprodukten, vor allem der „Dauerkunde", der stets unsere Produkte kauft, besonders befriedigt werden oder der „Grenzkunde", den wir zusätzlich anreizen wollen?

Muss ein Produkt mehrere voneinander unabhängige Funktionen ausführen und sind alle diese Funktionen erforderlich, dann kann der Nutzwert nur als Gesamtwert betrachtet werden. Dagegen können Zusatzfunktionen, Zusatznutzen und Zusatzkosten einander zugeordnet und damit von Fall zu Fall beurteilt, hinzugefügt oder weggelassen werden.

Beispiel zu 4.2.1 b: Nutzwert-Kostenziel für eine Rationalisierungsinvestition

(Rationalisierungsinvestitionen sind solche Zusatzinvestitionen, die isoliert zu betrachten sind, da das „Gewinzuteilungsproblem" lösbar ist. Das heißt, durch die – vermeidbare – Investition entsteht ein zusätzlicher Gewinn, der direkt der zusätzlichen Investition zuteilbar ist.

Als Kostenziel I_0 für eine Rationalisierungsinvestition kann z. B. der Einsparungsbetrag R unter Beachtung der Kapitalverzinsung dienen:

$$I_0 \leq \frac{R_1}{q^1} + \frac{R_2}{q^2} + \dots + \dots + \dots + \frac{R_n}{q^n} \quad \left\{ \begin{array}{l} \text{Siehe} \\ \text{Abschn. 3.1.8} \end{array} \right.$$

R_j = Rückfluss (Einsparung) des Jahres j
q = Abzinsungsfaktor = $(1 + i)^n$
n = Jahr n
i = Zinssatz in 1/a

Bei gleichen Einsparungsbeträgen je Jahr (R) wird

$$I_0 = \frac{1}{\kappa}\, R \quad \text{mit}$$

$$\kappa = \frac{i\,(1 + i)^n}{(1 + i)^n - 1} = \text{Kapitalwiedergewinnungsfaktor (siehe Tabelle).}$$

Wieviel darf eine Beschickungseinrichtung kosten, die 5 Jahre genutzt wird und 600 h/a einspart bei einem Lohnsatz von L = 25 €/h und 80% davon Lohnnebenkosten, wenn der Zinssatz i = 10% p.a. beträgt?

Der Nutzwert ist $I_0 = \dfrac{1}{0,2638} \times 600 \times 25 \times (1 + 0,80)\ € = 102\,350\ €$.

Die Beschickungseinrichtung darf damit ca 100 T€ kosten, wenn sie keine wesentlichen Wartungskosten verursacht.

c) Der Markt

Der Markt ist ein unerbittlicher Indikator für Kostenziele:

> Was der Markt an Preis nicht hergibt,
> kann das Unternehmen an Kosten nicht fordern.

Vom bereinigten Marktpreis (Rückrechnen auf Werksabgabepreis) ist zunächst ein wesentlicher Anteil abzusetzen (25 bis 50% je nach

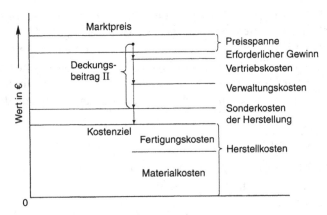

Abb. 75. Orientierung des Kostenziels am Markt

Branche und Produkt) für Verwaltungskosten, Vertriebskosten, sonstige Kosten und Gewinn. Danach erfolgt ein Abschlag, der Reserven der technischen und wirtschaftlichen Weiterentwicklung schaffen soll. Erst jetzt erreicht man das Kostenziel für die Herstellkosten, die allein den Spielraum der Entwicklung und Fertigung darstellen (Abb. 75).

Für marktfähige, ganzheitliche Produkte und bedingt auch für Sonderwünsche, lassen sich auf diese Weise Kostenziele bilden. In manchen Fällen honoriert jedoch der Markt darüber hinaus das Firmenimage oder eine gewisse Exklusivität, so dass mitunter die Kostenziele auch etwas oberhalb dieser Grenzen anzusetzen sind.

Beispiel zu 4.2.1 c: Kostenziel für Heizlüfter

Für einen neu zu entwickelnden Heizlüfter mit temperaturabhängiger Heizleistung (= gleichmäßigere Temperatur!) ist ein Kostenziel zu entwickeln. Folgende Daten werden ermittelt:

- Marktpreis üblicher Heizlüfter   P   = 40 – 50 €
- Fabrikerlös   E   = 50 % von P
- Verwaltungs- und Vertriebskosten   VVK = 30 % der HK2
- Investitionen (typgebunden)   I   = 2 Mio €
- Absatzmengen (realistisch geplant)   M   = 500 TStk
- Erwarteter Gewinn   G   = 10 % von E

Von 50 €/Stk, dem Höchstpreis, ausgehend ergibt sich als Grundgleichung für das Kostenziel:

$$\underbrace{\left(HK1_{zul} + \frac{2\ \text{Mio}\ \text{€}}{500\ \text{TStk}} \right)}_{HK2} \underbrace{(1 + 0{,}30)}_{} \underbrace{1{,}10 \times}_{SK} \underbrace{\frac{1}{0{,}50}}_{E} \ \frac{\text{€}}{\text{Stk}} = 50 \ \frac{\text{€}}{\text{Stk}}$$

$$HK2 \quad \rightarrow \quad SK \quad \rightarrow \quad E \quad \rightarrow \quad P$$

und

$$HK2_{zul} = 17{,}48 \ \frac{\text{€}}{\text{Stk}} \ .$$

Das Kostenziel der HK2 liegt damit bei 17,48 €/Stk, wenn man davon ausgeht, dass wegen der innovativen Lösung der Leistungsanpassung (anstelle der üblichen Aussetz-Regelung) der Höchstpreis vom Markt akzeptiert wird.

Technisch-wirtschaftliche Bewertung

Eine zweite Art, vom Markt aus das Kostenziel zu entwickeln, empfiehlt Kesselring bzw. VDI-Richtlinie 2222 [21] (siehe auch „Handbuch der Rationalisierung", Seite 231 ff [22]):

Im Rahmen der technisch-wirtschaftlichen Bewertung wird empfohlen, zur Ermittlung der wirtschaftlichen Wertigkeit y als Kostenziel H_i 80 % derjenigen Herstellkosten anzusetzen, die die derzeit kostengünstigste Lösung am Markt bei 100 % Erfüllungsgrad aufweist. (In neuerer Zeit werden vom VDI 70 % der Herstellkosten vorgeschlagen). Die Ermittlung dieser Herstellkosten geschieht auf der Basis der eigenen Produktionsmenge und Technologie. Die Herstellkosten H der eigenen Lösung werden verglichen mit den Herstellkosten H_{zul} der oben dargestellten Lösung, wobei als wirtschaftliche Wertigkeit y gesetzt wird

$$y = H_i/H = 0.8 \times H_{zul}/H$$

mit H_i = Herstellkostenziel

und H_{zul} = heute erreichtes HK-Minimum des kostengünstigsen Objekts

Abb. 76. Technisch-wirtschaftliche Bewertung (nach Kesselring)

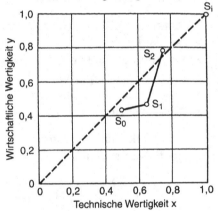

Dieses Verfahren gibt aber neben den Kostenzielen auch zugleich eine technische Zielsetzung in die Aufgabenstellung. Die technische Wertigkeit x beurteilt die einzelnen Funktionen nach ihrer Wichtigkeit g_j und einem Erfüllunggrad p_j, der am Ideal $p_{max} = 4$ gemessen wird. Dabei gilt die Beziehung

$$x = \frac{g_1 \, p_1 + g_2 \, p_2 + \dots + g_n \, p_n}{(g_1 + g_2 + \dots + g_n) \, p_{max}} \, .$$

Die Herleitungen und weitere Beschreibungen hierzu sind der VDI R 2222/25 zu entnehmen.

d) Ertragskraft und Wertschöpfung

Neben dem absoluten Deckungsbeitrag und dem spezifischen Deckungsbeitrag, bezogen auf eine spezielle Engpasskapazität, kann zur Produktbeurteilung und zur Kostenzielvorgabe auch die Ertragskraft
eines Produkts herangezogen werden. Die Ertragskraft EP ist der Dek-
kungsbeitrag bezogen auf den Engpass des Gesamtunternehmens,
nämlich auf die Wertschöpfung WS. Als Wertschöpfung gilt die
Größe „Betriebsertrag abzüglich Vorleistungen" und auf ein Produkt
bezogen „Erlös P minus Materialkosten MK". Ein Unternehmen mit
einer vorgegebenen Kapazität kann nur in beschränktem Umfang
Eigenfertigung betreiben, jedoch beliebig viel Material zukaufen. Was
das Unternehmen kurzfristig „verdient", ist der Deckungsbeitrag, also
die Differenz zwischen Ertrag und variablen Kosten. Die variablen Kosten
außer Materialkosten sind jedoch nur in beschränktem Umfang zur
Verfügung. Je mehr das Unternehmen mit einem Produkt Wertschöpfung
erzielen kann, bezogen auf den Deckungbeitrag, desto stärker sind
die begrenzten Resourcen geschont und für andere Gewinnschöpfungen
frei.

Je größer also das Verhältnis

$$\frac{\text{Deckungbeitrag}}{\text{Wertschöpfung}} = \text{Ertragskraft oder } \frac{\text{DB}}{\text{WS}} = \text{EP},$$

desto vorteilhafter ist damit das Produkt für ein Unternehmen. Daher
wird eine bestimmte Ertragskraft EP auch als Ziel für die Kostenvorgabe
und für die Preisbildung verwendet.

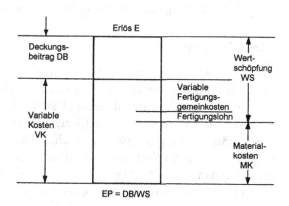

Abb. 77. Deckungsbeitrag, Wertschöpfung und Ertragskraft (Ertragskraft = Deckungsbeitrag durch Wertschöpfung)

Beispiel zu 4.2.1 d:

Ertragskraft als Maßstab zur Produktbeurteilung

Für einen 120 l-Warmwasserspeicher besteht ein Marktpreis, der zu einem Betriebserlös von P = 900 €/Stk führt. Der Mittelwert der in Produktion befindlichen Geräte ergibt heute eine Ertragskraft von 0,67.

Trägt das neue Gerät zur Stärkung der bisherigen Ertragskraft bei? Folgende Werte sind zu erwarten:

Erlös	P	= 900 €/Stk
Materialkosten	MK	= 320 €/Stk
Fertigungslöhne	FL	= 120 €/Stk
Varible Fertigungsgemeinkosten	FGK_v	= 210 €/Stk
Summe der variablen Kosten	VK	= 650 €/Stk

Setzt man

$$\text{Ertragskraft EP} = \frac{\text{Deckungsbeitrag}}{\text{Wertschöpfung}} = \frac{E - VK}{E - MK}$$

ergibt sich mit den Zahlenwerten

$$EP = \frac{900 \text{ €/Stk} - 650 \text{ €/Stck}}{900 \text{ €/Stk} - 320 \text{ €/Stk}} = 0,43 < 0,67.$$

Die Ertragskraft ist somit klein im Vergleich mit dem Durchschnitt von 67 %, d. h. das Produkt bindet viel Kapazität im Verhältnis zum erwartbaren Deckungsbeitrag. Nur bei freier Kapazität und zur Beschäftigungssicherung kann dieses Produkt interessant sein.

e) Vergleichsobjekte

Die wohl häufigste Form der Kostenzielableitung geht von Vergleichsprodukten aus. Für die meisten Entwicklungsobjekte existieren Vorgänger, deren Kosten im Detail bekannt sind oder Wettbewerbsprodukte. Außerdem kann der im Kostenschätzen geübte Fachmann Einsparungsprozentsätze recht gut abschätzen, ohne Lösungen vorwegnehmen zu müssen. Sowohl für Gesamtprodukte als auch für ihre Baugruppe und Teile sind daher vom Fachmann realistische Kostenziele vorzugeben, die der Entwickler und der Arbeitsvorbereiter gleichermaßen akzeptieren.

Eine Verbesserung dieses pauschalen Schätzens kann durch folgende Arbeitstechniken erreicht werden:

1. Erfahrungswerte von Rationalisierungspotentialen nutzen

In einer Untersuchung von Wertanalyse-Objekten hat Ehrlenspiel [23] folgendes festgestellt:

Die Bruttoeinsparungen (ohne Vorauskostenabzug für die Wertstudie) einer nicht ganz repräsentativen Auswahl von typischen, realisierten Wertanalyse-Objekten zeigten Werte

zwischen 18% bei komplexen Produkten (> 150 Teile)
und   30% bei einfachen Produkten   (> 20 Teile).

Dabei sind die höheren Werte der einfacheren Produkte dadurch bedingt, dass

• eine Auswahl der besonders einsparungsträchtigen Funktionsgruppen erfolgen konnte und
• eine intensivere Durchdringung kleinerer Gruppen üblich ist.

In Abhängigkeit von der Typlaufzeit ergaben sich durchschnittlich erzielte Einsparungen von:

ca. 20% bei Typlaufzeiten von ca. 4 Jahren
ca. 30% bei Typlaufzeiten von ca. 10 Jahren
ca. 40% bei Typlaufzeiten von ca. 20 Jahren und darüber.

Besonders hohe Werte traten immer dann auf, wenn in einem Gebiet ein neues Lösungskonzept gefunden und auf voller Breite eingesetzt wurde (z.B. Röhre, Transistor, integrierte Schaltungen oder Sandguss, Kokillenguss, Druckguss oder Holz, Blech, Kunststoff usw.). Dies hat die zugehörigen Mittelwerte verständlicherweise hochgetrieben.

Produktart	Rationalisierungspotential in % p.a. der Vorgabezeit	Rationalisierungssprünge (Beispiele)
grob-mechanisch	3,0	Sparbau, Technologie
fein-mechanisch	3,5	Spanlos, Integrallösung Kleinstzeitverfahren (MTM)
energietechnisch	2,5	Größendegression
chemisch	1,5–3,0 (Stufen!)	Technologie, Größe

Abb. 78. Optimalwerte für Rationalisierungspotentiale. Wirkungen zwischenzeitlicher Rationalisierungsmaßnahmen sind abzuziehen und Rationalisierungssprünge besonders zu beachten

In Abhängigkeit von der Produktart ergaben sich nach eigenen Erfahrungen die in Abb. 78 gezeigten Optimalwerte für Rationalisierungspotentiale.

2. Kostenziele für komplexe Produkte

Für komplexe Produkte und größere Baugruppen können Kostenfunktionen zu guten Basiswerten der Zielbildung führen:

a) <u>Zeitdegression</u>
Die Fertigungszeiten technischer Produkte können beim Ausreizen der technologischen Chancen im Durchschnitt um 3% bis 5% je Jahr sowie um 3% je 10% Produktionssteigerung gesenkt werden. Wurden diese Anteile seit der Produktentwicklung nicht erreicht, ist zumindest die Differenz als Nachholbedarf noch offen. Was für die Fertigungszeiten gesagt wurde, gilt in erster Näherung auch für die preisbereinigten Fertigungskosten.

b) <u>Fertigungskosten-Degression durch Leistungvergrößerung</u>
Auch die gesamten Fertigungskosten fallen mit zunehmender Leistung technischer Anlagen so, dass hieraus Zielkosten abzuleiten sind (siehe Abschn. 5.1).

c) <u>Investitionskostendegression durch Leistungsvergrößerung</u>
Bei Produktionsmitteln wie Maschinen, Anlagen und Einrichtungen unterschiedlicher Leistung gilt das Leistungsgesetz: Die Kosten einer Betriebsanlage steigen unterproportional zur Leistung (siehe Abschn. 5.2).

Kostenziele für wesentlich kleinere oder größere Anlagen als bisher gebaut wurden, können recht gut anhand der vorliegenden mathematischen Beziehungen errechnet werden. Beispiele: Chemische Anlagen, Entsorgungsanlagen, Kraftwerke usw.

3. Kostenziele für Baugruppen oder Funktionsgruppen

Sind komplexe Produkte so aufgebaut, dass den einzelnen Baugruppen auch bestimmte Funktionen zuzuordnen sind, dann bietet sich eine Kostenzielermittlung auf der Basis analytischer Produktvergleiche an. Ist keine klare Zuordnung vorhanden, können mit Hilfe der Funktionsanalyse die Baugruppen in Funktionsgruppen umgewandelt werden und dann ist ein Funktionsgruppenvergleich zur Kostenzielermittlung wie oben möglich.

Zu diesem Zweck werden für möglichst viele Vergleichsobjekte die Baugruppen- bzw. Funktionsgruppenkosten erfasst und in einer Matrix dargestellt. Die jeweils kostengünstigste Lösung oder ein bestimmter %-Satz davon ergibt nicht nur das Kostenziel, sondern auch gleich Hinweise, in welcher Richtung die Konstruktion laufen soll, wenn die Kosten das wesentliche Beurteilungskriterium darstellen. Für das gesamte Erzeugnis ergibt sich das Kostenziel als Summe der Kostenziele der jeweils kostengünstigsten akzeptablen Funktionslösung, eventuell mit einem Zielfaktor < 1,0 multipliziert (Abb. 79).

Beispiel zu 4.2.1 e: 3: Wettbewerbskostenvergleich nach Funktiongruppen

Für einen Fahrzeugmotor soll durch Vergleich der Funktionsgruppen verschiedener Typen das Kostenziel einer neuen Konstruktion erarbeitet werden.

Funktionsbereich	Typ I	Typ II	Typ III	Kostenziel 0,8 x ▨▨▨
Zylinderkopf (ohne Ventile)	136,00	186,00	170,00	108,80
Steuerung (mit Ventilen)	76,00	34,00 *)	70,00	56,00
Kurbelgehäuse (bis Kurbellager)	194,00	216,00	218,00	155,20
Ölwanne (ab Kurbellager)	47,00	34,00	38,00	27,20
Wasserpumpe (mit Verbindungen)	18,00	28,00	28,00	14,40
Dichtungen	8,65	4,20	3,80	3,04
Verbindungs- elemente usw.	24,00	20,00	18,00	14,40

Abb. 79. Wettbewerbskostenvergleich nach Funktionsgruppen
* Das Lösungsprinzip dieser kostengünstigsten Ausführung (Seitensteuerung) ist bei hochtourigen Motoren nicht möglich. Die Lösung muss daher aus dem Vergleich ausscheiden

4. Kostenziele für Teile

Zur Kostenzielvorgabe für Einzelteile kann, wie bei Schätzkalkulationen, von Bildsammlungen ausgegangen werden, bei denen ähnliche Teile zusammengefasst sind und Kosten, bezogen auf ein Basisjahr sowie weitere Kriterien erfasst sind. Auch Gewicht, Flächen, Material und Toleranzen bieten Ansatzpunkte für Zielvorgaben. Unterschiede können durch Zuschläge oder Abschläge berücksichtigt werden. Für die Kosten von Auswärtsteilen werden neben Anfragen Richtpreiskalkulationen auf der Basis der Eigenfertigung oder der Fremdfertigung Hinweise auf erreichbare Kosten geben.

5. Ziele für Entwicklungszeiten und Entwicklungskosten

Da auch im Entwicklungsbereich rund 80 % aller Zeiten für zeitlich abschätzbare Routinearbeiten anfallen, können auch Entwicklungszeiten mit angemessener Toleranz geschätzt bzw. Zielzeiten hierfür vorgegeben werden. Lediglich grundsätzliche Neuentwicklungen haben ein größeres Risiko während Variantenkonstruktionen oder Änderungskonstruktionen meist gut planbar sind.

Um Entwicklungszeiten und -kosten auf eine realistische Basis zu bringen, sind möglichst viele abgeschlossene Entwicklungsprojekte im Hinblick auf ihren Verbrauch zu erfassen.

Um die Arbeiten zu quantifizieren, können dabei Einflussgrößen ermittelt und auch zeitlich bewertet werden, wie dies in einem Betrieb des Sondermaschinenbaus geschehen ist. Dort ergaben sich für Entwicklungsarbeiten am Brett folgende Größen, nach denen sich die gesamte Entwicklungszeit abschätzen ließ:

Anzahl und Format der Zeichnungen.

Zum Beispiel

    1 DIN A1 = 3,5 Normalzeichnungen
    1 DIN A2 = 1,8 Normalzeichnungen
    1 DIN A3 = 1,0 Normalzeichnungen
    1 DIN A4 = 0,6 Normalzeichnungen

oder Zeitaufwand nach Schwierigkeitsgrad

    Änderung = 0,1
    einfach   = 0,6
    mittel   = 1,0
    schwierig = 1,6,

wobei Vergleichsmuster zur Beurteilung vorliegen.

Die Zeichnungsart beeinflusst auch den Aufwand, wie

    Rohteilzeichnung   = 0,6
    Bearbeitungszeichnung   = 1,0
    Zusammenstellungszeichnung   = 1,1.

Berücksichtigt man fernerhin, dass für Zeichnen, Stücklistenarbeiten und Zeichennebenarbeiten ebensoviel Zeit benötigt wird wie für Projektieren und Konstruieren, und dass eine DIN A3 Bearbeitungszeichnung mittleren Schwierigkeitsgrads vom Projektieren bis zum Stücklisten fertigstellen etwa 13 h benötigt, dann sind damit genügend Planungskennzahlen für detaillierte Zeitabschätzungen während der Entwicklungsphase vorhanden.

Wesentlich niedriger liegen nach der Anlaufperiode die Zeiten und ihre Einflussgrößen bei CAD-Arbeiten, die auch für die weitere Planungen Vorteile bieten, so dass eine Umstellung auf diese Arbeitsweise fast überall erfolgte oder erforderlich ist.

Beispiel zu 4.2.1 e: 5: Ziele für Entwicklungszeiten

Für eine Neukonstruktion wurde abgeschätzt, wie viele Teile und zugehörige Zeichnungen zu erstellen oder abzuändern sind, sowie welche Größen welche Schwierigkeitsgrade und welche Arten von Zeichnungen benötigt werden. Die Tabelle zeigt, wie hieraus der Zeitaufwand zu ermitteln ist.

Faktorentabelle

Größe	Schwierigkeit	Zeichn.-art
DIN A1 3,5	Änderung 0,1	Rohteil- 0,6
DIN A2 1,8	Einfach 0,6	Bearbeit. 1,0
DIN A3 1,0	Mittel 1,0	Zus.stell. 1,1
DIN A4 0,6	Schwierig 1,6	–
		–

Auswertungsblatt

Nr.	Zeichnungsnummer		Auswertung					Produkt
1	112 315 03 03	A 2	1,8	E	0,6	B	1,0	1,08
2	112 320 04 01	A 3	1,0	M	1,0	B	1,0	1,00
3	112 320 15 13	A 2	1,8	S	1,6	B	1,0	2,88
4	112 316 04 01	A 1	3,5	E	0,6	Z	1,1	2,31
5	112 361 12 14	A 2	1,8	M	1,0	B	1,0	1,80
6	usw.		usw.					usw.
n								

Summe = Anzahl Normalzeichnungen (Nz) =	50,12

Folgende Abkürzungen sind hier verwendet:

1 Ma	= 12 MMo	= 12 × 4 MWo	= 12 × 4 × 5 MAtg	= 12 × 4 × 35 Mh
1 Mannjahr	= 12 Mannmonate	= 48 Mannwochen	= 240 Manntage	= 1680 Mannstunden

Der Zeitbedarf T_e für 50,12 Normalzeichnungen (siehe oben) bei 13 Mannstunden je Normalzeichnung (Mh/Nz) und 35 Mannstunden je Mannwoche (Mh/MWo) sowie 4 Mannwochen pro Mannmonat (MWo/MMo) und 12 Mannmonate je Mannjahr (MMo/Ma) ergibt sich zu

$$T_e = 50,12 \times 13 : 35 \times 4 \text{ MMo} = 4,65 \text{ MMo} = 0,3878 \text{ Ma}$$

d.h.   1 Mann   auf 4,6 Monate

oder 4,6 Mann auf 1 Monat (falls Simultaneous engineering möglich ist!)

oder 1,5 Mann auf 3,0 Monate, wenn eine Entwicklungszeit von 3 Monaten verlangt wird und Parallelarbeit möglich ist. (Ein Mann vollzeitig und ein Mann halbtägig)

Die angegebenen Faktoren und insbesondere die 13 h/Nz sind im jeweiligen Unternehmen anhand abgeschlossener Projekte zu überprüfen und gegebenenfalls zu korrigieren. Die ermittelten Werte sind jedoch realistische Plandaten, sobald die Anzahl der erforderlichen Neuteile und der Änderungsteile gut abschätzbar ist, da die große Anzahl der einzelnen Schätzungen einen Fehlerausgleich bewirkt.

Analoge Auswertungen und Zeitbedarfsrechnungen wurden auch bei CAD-Arbeiten durchgeführt. Sie ergaben für obigen Entwicklungsaufwand in einem CAD-geübten Unternehmen etwa 4 Mannstunden je Normalzeichnung.

6. Wirtschaftlichkeitsrechnung für Neuprodukte

Jedes Neuprodukt ist mit einer Kapitalbindung verbunden, die weit höher sein kann als die Kapitalbindung in einer neuen Maschine, für die heute immer ein Wirtschaftlichkeitsnachweis gefordert wird. Trotzdem ist es bisher nicht überall üblich, Wirtschaftlichkeitsrechnungen für Neuprodukte zu erstellen. Als Gründe werden benannt: Mangel an Rechenverfahren und Unsicherheit bei den Datenannahmen. Trotzdem soll hier der Nachweis versucht werden, diese beiden Gründe zu widerlegen:

Wenn die Projektkosten bekannt sind und über die Absatzmengen, erzielbare Erlöse und Kosten hinreichend gute Annahmen vorliegen, lässt sich das Entwicklungsprojekt wie eine Investition darstellen und rechnerisch erfassen. Das vorliegende Beispiel zeigt, dass nicht nur mit einfacher Rechnung sondern auch mit einer anschaulichen Grafik die Wirtschaftlichkeit des Entwicklungsprozesses darstellbar ist. In Anbetracht des großen Risikos jeder Entwicklungsarbeit sind für alle Projekte mit mehr als 100 T€ Projektkosten solche Rechnungen mit unterschiedlichen Annahmen (optimistisch, wahrscheinlich und pessimistisch) durchzuführen. Das Ergebnis stellt eine gute Entscheidungsbasis dar.

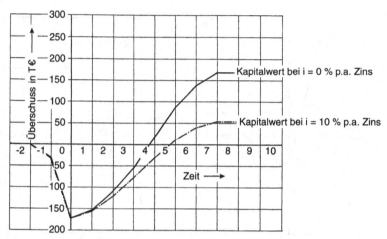

Abb. 80. Wirtschaftlichkeitsrechnung für eine Bodenfräse (Tilgungsdauer und Kapitalwert bei i = 0% und i = 10% p.a. Verzinsung)

Beispiel zu 4.2.1e: 6: Wirtschaftlichkeitsrechnung für Entwicklungsprojekt

Für eine wieder neu aufzunehmende Bodenfräse sind 170 T€ Entwicklungskosten aufzuwenden sowie Anlaufkosten und allmählich ansteigende Produktpflegekosten. Die Absatzzahlen sind für 8 Jahre vom Vertrieb prognostiziert.
    Siehe hierzu Tilgungsdiagramm.

a) Wie sieht der Kapitalfluss für i = 10% p.a. aus?
b) Welche interne Verzinsung ergibt dieses Produkt (einschließlich Entwicklungskosten)?
c) Welche Amortisationszeit wird bei i = 10% p.a. Verzinsung erreicht?

d) Wie verändern sich die Verhältnisse, wenn mit Preis- und Kosten-
änderungen zu rechnen ist?

Siehe S. 185 Datenblatt zur Aufgabe (Querformat).

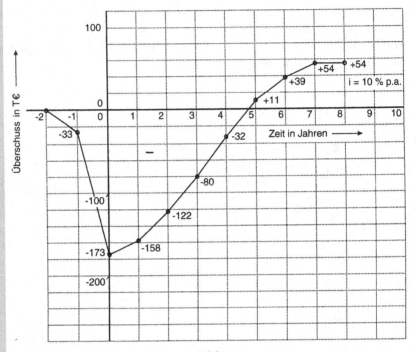

Tilgungsdiagramm für Entwicklungsprojekt

Ergebnisse:

Zu a) Mit 10 % p. a. Zinsen auf das eingesetzte Kapital amortisiert sich
der gesamte Aufwand im Planjahr 4,7 (6,7 Jahre nach dem „Start") und
am Ende des Projekts weist sich ein Kapitalwert aus von 54 T€. (Siehe
Diagramm!)

Zu b) Bis zum geplanten Projektende ergibt sich eine interne Verzinsung des eingesetzten Kapitals von 18%. Davon sind jedoch die
kalkulatorischen Zinsen von etwa 10% abzuziehen und der Rest wird
auch noch etwa zur Hälfte an Steuern abzuführen sein.

Zu c) Zur Errechnung einer realistischen Amortisationszeit müssen
kalkulatorische Zinsen von 10% angesetzt werden. Mit dieser Verzin-

Entwicklungsaufwand und seine Tilgung für Gartenfräse

Gartenfräse 2000

	Wirtschaftlichkeitsrechnung		Planjahr		Jahr →								Summe
	Benennung	Kosten in €	−1	0	1	2	3	4	5	6	7	8	
1	Pflichtenheft		2	–									
2	Entwürfe		8	–									
3	Prototyp		6	–									
4	Erproben + Ausarbeiten		4	–									
5	Arbeitsunterlagen		10	10									
6	Betriebsmittel		–	120									
7	Vorserien + Serienbetreuung		–	10	8	6	4	4	5	10	20	40	107
8	Absatzmenge	Stk			500	1000	1200	1500	1500	1200	1000	800	8700
9	Erlöse	T€			500	1000	1200	1500	1500	1200	1000	800	8700
10	Herstellkosten	T€			250	500	600	750	750	600	500	400	4350
11	Verw. + Vertriebskosten 300	€/Stk			150	300	360	450	450	360	300	240	2610
12	Sonstige Kosten 50	€/Stk			75	150	180	225	225	180	150	120	1305
13	Brutto-Gewinn in T€		−30	−140	17	44	56	71	70	50	30	0	168
14	– Zinsfaktor für i = 10% p.a.		1,100	1,000	0,909	0,826	0,751	0,683	0,621	0,564	0,513	0,467	–
15	Kapitalwert für i = 10% p.a.		−33	−140	15	36	42	48	43	28	15	0	54
16	– Zinsfaktor für i = 20% p.a.		1,200	1,000	0,833	0,694	0,579	0,480	0,402	0,335	0,279	0,233	–
17	Kapitalwert für i = 20% p.a.		−36	−140	14	31	32	34	28	17	8	0	−12
18	Interne Verzinsung		$r = (10 + 10 \cdot 54/(54 + 12))$ % p.a. = 18 % p.a. bei n = 8 (10) Jahren										
19	Amortisationszeit		Aus kumulierten Rückflüssen zwischen Jahr 4 und Jahr 5 mit n_a = 4,7 a bei i = 10% p.a.										
20	Umsatzrendite		r_u = (168/8700) · 100 % v.U. = 1,93 % v. U.										
21	Grenzmenge		Am Schnittpunkt des Tilgungsdiagramms ist für i = 10% p.a. mg = 5750 Stk und für i = 0% p.a. mg = 3750 Stk										

Dynamische Investitionsrechnung für Neuprojekt

sung amortisiert sich das Kapital zum Zeitpunkt 4,7 Jahre bei der Grenzmenge $m_{gr\,10} = 5075$ Stk.

Zu d) Da Preissteigerungen sowohl auf der Ausgabenseite (Material-kosten, Löhne usw.) als auch auf der Einnahmenseite (Verkaufspreise u.ä.) realisiert werden, war bisher ihr Einfluss weitgehend ausgeglichen. Ob dies auch für die Zukunft gilt, ist unsicher, aber anzunehmen.

4.3
Kostenüberwachung

Dauern die Entwicklungs- und Bauzeiten der Objekte länger als etwa drei Monate, dann reicht es nicht aus, nur Kostenziele vorzugeben, sondern hier müssen auch während der Bearbeitungszeit die Kosten und eventuell auch andere Größen verfolgt werden im Hinblick auf voraussichtliche Zielerfüllung.

4.3.1
Funktionsziele – Zeitziele – Kostenziele

Ob ein Produkt gute Absatzzahlen, einen guten Preis und vertretbare Kosten bringen kann, das wird vor allem vom Pflichtenheft festgelegt.
    Die vielen Übergänge und Schnittstellen vom

Ideal $\rightarrow$ Kundenwunsch $\rightarrow$ Vertrieb $\rightarrow$ Konstruktion $\rightarrow$ Arbeits-vorbereitung $\rightarrow$ Fertigung

bilden einen Weg, auf dem viel gute Anforderungen verloren gehen und viel unnötige Kosten entstehen. Und dies selbst bei ordentlicher Koordination oder „kundennaher Entwicklung" (Abb. 81).
    Die wesentlichen Nutzwert- und Kostenentscheidungen für ein Objekt werden bei der Pflichtenhefterstellung und während der Entwicklungszeit getroffen. Was bei der Entwicklung versäumt wird, kann durch keine nachfolgende Arbeit wieder eingeholt werden.
    Aus diesem Grund wird in die Zielsetzungen der Entwicklung neben den Funktions- und Entwicklungszeitzielen auch ein Nutzwert- und das Kostenziel für das Produkt eingebaut. Bei umfangreichen Produkten, bei denen die Entwicklungsarbeit auf mehrere Mitarbeiter aufgeteilt wird, ist auch das Kostenziel unterteilt. Hierfür bietet sich die Kostengliederung nach Funktionsgruppen an, da diese Gruppen auch eine natürliche Gliederung der Produkte und der Entwicklungsaufgaben darstellen. Da-

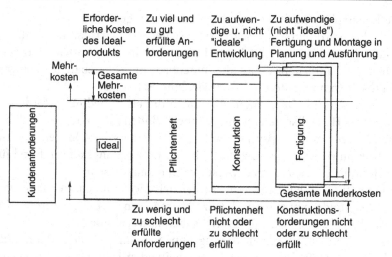

Abb. 81. Abweichungen der Anforderungen und der Kosten vom Ideal

mit kann jeder Mitarbeiter für seinen Entwicklungsbereich eine klare Aufgabengliederung mit Funktionen (Nutzwert), Kosten und Terminen erhalten.

Im Rahmen des Pflichtenhefts werden drei Zielkomplexe definiert:

- Funktionsziele Was soll das Erzeugnis, wie gut, wie schnell, wie oft tun? Wie soll das Erzeugnis aussehen?
- Zeitziele Wann sollen das Erzeugnis, seine Baugruppen, seine Teile, seine Zeichnungen seine Konstruktion fertig sein? und
- Kostenziele Was dürfen das Erzeugnis, seine Funktionsgruppen, seine Funktionsuntergruppen seine Gewährleistung und eventuell sein „Betrieb" usw. kosten?

Ferner sind im Pflichtenheft Freigabestufen festgelegt, das heißt, Entscheidungspunkte, bis zu denen gewisse Teilaufgaben abgeschlossen sein sollen, damit die kostenwirksamen Entscheidungen für die Weiterführung spätestmöglich und doch zeitig genug gefällt werden, um den Endtermin zu sichern.

Die Qualität der Entwicklungsarbeit kann i. Allg. durch höheren Zeitaufwand gesteigert werden. Der Qualitätszuwachs fällt jedoch mit der Zeit ab. Daher muss über Termin- und Kostenvorgaben die Qualität wirtschaftlich optimiert werden. Nur die Funktionssicherheit zu fordern und die Konstruktionszeit zu begrenzen, ist jedoch gefährlich, denn erst die zusätzliche Produktkostenbegrenzung sichert die Wirtschaftlichkeit.

Aus diesem Grund sind heute Kostenziele für alle Entwicklungsaufgaben im Fahrzeugbau, im Maschinenbau, im Gerätebau usw. unverzichtbare Komponenten jedes Entwicklungsauftrages.

Als Kostenziele bezeichnet man dabei die als unbedingt erforderlich erachteten Herstellkosten für die zu entwickelnden Produkte, eventuell mit einem angemessenen psychologischen Anreiz versehen. In den Kostenzielen können aber auch Umlagen für den Entwicklungsaufwand und für Betriebsmittel bzw. sonstige Investitionen enthalten sein.

Wesentlich ist jedoch, dass die Kostenziele nicht einfach spekulativ vorgegeben, sondern in einer nachvollziehbaren Form errechnet werden. Nur so sind sie als glaubwürdige Zielvorgaben zu verwenden.

Arbeiten mehrere Entwicklungsgruppen an einem Objekt, dann muss jeder Gruppe für den von ihr zu bearbeitenden Umfang ein Kostenziel vorgegeben werden. Dies bedeutet, dass das Kostenziel des Gesamtprodukts nach Baugruppen oder Funktionsgruppen unterteilt werden muss, so dass Direktverantwortung möglich ist. Beträgt die Entwicklungs- und anschließende Fertigungszeit mehrere Monate, dann sind neben den Kostenzielvorgaben durch mitlaufende Kalkulationen Kostenkontrollen so einzubauen, dass Abweichungen rechtzeitig erkannt werden und, wenn möglich, korrigiert werden können. Je früher Abweichungen erkannt werden, desto wahrscheinlicher können sie aufgefangen werden und desto niedriger sind eventuell anfallende Änderungs- oder Nacharbeitskosten.

4.3.2
Organisation der mitlaufenden Kalkulation

Nach dem Erstellen des Plichtenheftes wird die Konzeption festgelegt, das heißt, die wesentlichen Funktionsgruppen oder Baugruppen und die erforderlichen Zwischentermine werden fixiert. Für alle Funktionsgruppen sind folgende Festlegungen zu treffen:

1. Welche vorhandenen Baueinheiten können verwendet werden (Standard-Baugruppen, Kosten sind bekannt)?
2. Welche Baueinheiten sind zu überarbeiten oder neu (Sonderbaugruppen, Kosten sind teils bekannt)?
3. Wie hoch sollen die Herstellkostenziele für zu überarbeitende oder neue Baueinheiten sein (Vergleichskalkulationen)?

4. Welche Baueinheiten sind wertanalytisch zu bearbeiten (Ausreizen nach Funktions- und Kostenzielen)?

In Anlehnung an bekannte Konstruktionen schätzt der Entwicklungsfachmann für vorhandene Funktionsgruppen die relative Kostenverteilung. Zusammen mit dem gegebenen Kostenziel für das Gesamtprodukt ergeben sich daraus Herstellkostenziele für die einzelnen Funktionsgruppen (= Herunterbrechen der Kosten).

Kostenziele und Zielgliederung können für alle Funktionsgruppen individuell erfasst werden; eventuell werden aber auch nur für die A- und B-Funktionen die Kostenziele detailliert, während für die C-Funktionen (Montagematerial o.ä. und manchmal auch für die ganze Montage) die Kosten pauschal nach Erfahrungswerten geschätzt werden.

Werden die Kosten der Funktionsgruppen als Paretokurve dargestellt, kann eine ABC-Gliederung der Funktionsgruppen nach ihren Kosten erfolgen (Abb. 82).

Sobald die Baugruppenstückliste mit Kostenschätzung und eine pauschale Erfassung der vielen Einzelteile unter „Sonstige Teile" = C-Teile vorliegt, kann heute im Rechner die Sortierung nach fallenden Kosten erfolgen und ohne wesentlichen Zusatzaufwand die Paretokurve (= ABC-Kurve) aufgezeigt werden. Nur die Kosten der A-Positionen werden dann weiter verfolgt, während die vielen anderen Positionen zwar vom Termin her in Kontrolle bleiben, jedoch in der Kostenrechnung nur mit einem Pauschalwert angesetzt sind.

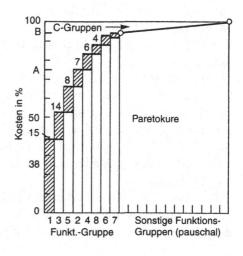

Abb. 82. Kostenplanung mit gewichteten Funktionsgruppen

Abb. 83. Kostenüberwachung während der Entwicklung (SOLL-IST-Vergleich)

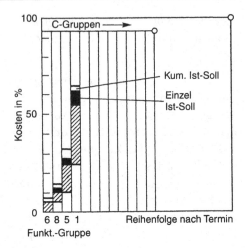

Bei der mitlaufenden Kalkulation (auch Begleitkalkulation genannt) sind zunächst SOLL-Zeiten und SOLL-Kosten für Entwicklung und Herstellung für alle Funktionsgruppen vorzugeben. Ist der Entwurf einer Baugruppe abgeschlossen, wird er kalkuliert und bei der Zwischenkalkulation werden die SOLL-Kosten durch vorläufige IST-Kosten ersetzt (Abb. 83).

Zeigt sich, dass die gesteckten Kostenziele (SOLL-Kosten) bei einzelnen Funktionsgruppen nicht einzuhalten sind, wird erst über Wertstudien nach Kostensenkungsmöglichkeiten gesucht, bevor das Kostenziel erhöht wird. Jede Veränderung der Kosten wird jedoch begründet und durch Vermerk festgehalten. Auch dann, wenn neue Lösungsprinzipien für bestimmte Funktionen aktuell erscheinen, sichern Wertstudien technologisch einwandfreie und kostengünstige Ausführungen.

Wo die Kostenziele der Funktionsgruppen eingehalten sind, läuft der Prozess über die Arbeitsvorbereitung weiter zur Fertigung und Nachkalkulation. Jetzt erst zeigt sich mit dem üblichen Standard-Kalkulations-Verfahren, ob die vorläufigen Zwischenkalkulationen gestimmt haben. Durch Rückkoppelung werden die Basiswerte der Zwischenkalkulation verbessert, so dass sich allmählich recht gute Übereinstimmung erzielen lässt (Abb. 84).

Bei dem dargestellten Verfahren der Kostenzielvorgabe, Begleit- und Nachkalkulation werden neben den Kosten auch die Termine verfolgt, denn die Termineinhaltung ist nicht nur bei Serienprodukten kostenwirk-

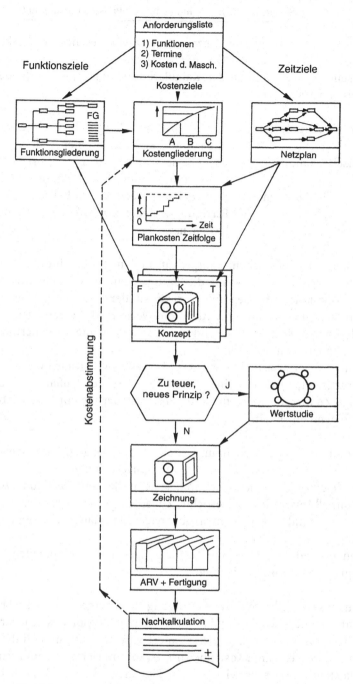

Abb. 84. Ablaufplan der Entwicklung mit Funktions-, Kosten- und Termingliederung

sam, sondern auch bei der Einzelfertigung ein wesentliches Verkaufs-
argument neben Preis- und Qualitätsvorzügen.

Wesentlich beim Aufbau der Kalkulation ist, dass die verschiedenen
Kalkulationsverfahren wie

- Vorkalkulation,   zum Beispiel nach Vergleichsobjekten, Kenn-
                       zahlen und Kurzkalkulationen und
- Zwischenkalkulationen, zum Beispiel nach dem Entwurf, Fläche,
                       Gewicht und Vergleichskalkulationen
- Nachkalkulationen   zum Beispiel nach technologischen Daten
                       Fertigungszeiten, Platzkosten, Materialeinzel-
                       kosten, usw.

nach dem gleichen Schema aufgebaut sind und nur eine stufenweise
Verfeinerung in Richtung auf die Fertigstellung darstellen. Die Werte
einer Kalkulation müssen mit derjenigen der jeweils nächstfeineren
Kalkulation überprüfbar sein. Auf diese Weise wird die Vergleichbarkeit
der Ergebnisse sichergestellt und eine rückkoppelnde Verfeinerung der
Grobkalkulationen möglich.

Während der Konstruktion und bei Einzelfertigung, auch während der
Fertigungszeit, werden in einem SOLL-IST-Vergleich laufend die Kosten
verfolgt. Zu diesem Zweck führt die Projektsteuerung ein Datenblatt mit
etwa folgendem Inhalt:

1. Funktionsgruppe, Benennung und Identifizierung, Materialeinzelkosten und Fertigungszeiten, eventuell Investitionen.
2. Vergleichsobjekt und seine Materialeinzelkosten, Fertigungszeiten,
   eventuell Investitionen, Gewichte, Zuverlässigkeitsmerkmale.
3. Letzter Stand der Kostenvorgabe nach Materialeinzelkosten, Fertigungszeiten und Investitionen.
4. Neuer Stand der Kostenvorgabe für die gleichen Komponenten.
5. Begründung von Abweichungen.

Durch diese detaillierte Kostenverfolgung ist sichergestellt, dass während
des ganzen Entwicklungs- und eventuell Herstellungsprozesses jeder Mitarbeiter an die Kostenvorgaben erinnert wird und an ihrer Einhaltung
gemessen werden kann. Kostenbewusstes, kostenorientiertes und schließlich kostengünstiges Entwickeln und Planen wird so im Unternehmen
erreicht.

Bedingungen	Bedingungsanzeiger				
Auftragsvolumen ≥ 10 T€	y	y	y	y	N
Anzahl der Entwicklergruppen > 1	N	y	N	y	–
Entwicklungs- und Herstellzeit ≥ 2 Mo	N	N	y	y	–
Kostenziel bilden	×	×	×	×	–
Kostenziel gliedern	–	×	–	×	–
Mitlaufende Kalkulation	–	–	×	×	–
Aktionen	Aktionsanzeiger				

Abb. 85. Entscheidungstabelle für Kostenzielbildung, Kostenzielgliederung und mitlaufende Kalkulation

Wo Kostenziele vorzugeben, zu gliedern und wo sie laufend zu verfolgen sind, zeigt die untenstehende Entscheidungstabelle, die vereinfacht folgendes aussagt:

• Entwicklungsaufträge für ein Auftragsvolumen ≥ 10 T€ sollten mit einem Kostenziel versehen werden.
• Sind mehrere Entwicklergruppen für größere Entwicklungsaufgaben erforderlich, sollte jede Gruppe ihr eigenes Kostenziel erhalten.
• Und dauert eine Entwicklung mit Arbeitsplanung mehr als 2 bis 3 Monate, dann ist eine mitlaufende Begleitkalkulation zweckmäßig.

4.3.3
Verfahren der mitlaufenden Kalkulation

Zu dem Zeitpunkt, da Vorkalkulationen erforderlich sind und im Zeitraum der mitlaufenden Kalkulationen sind die Verfahren der Nachkalkulation wie Zuschlagskalkulation auf Kostenstellen- oder Kostenplatzbasis nicht möglich, da teils die Konstruktion, sicher aber die Technologie noch nicht festliegt. Es mussten daher Verfahren entwickelt und eingesetzt werden, die auf anderen Größen als Fertigungszeit und Fertigungsmaterial aufbauen, aus denen jedoch diese beiden Werte wieder „zurückgerechnet" werden sollten.

Abb. 86. Methoden und
Techniken zur Kosten-
ermittlung

Methoden und Techniken zur Kostenermittlung
1 Statistische Auswertung von technischen Grunddaten
a) Kostentendenzen und Kostengesetzmäßigkeiten
b) Einparameterrechnung (z.B. Gewichtskostenrechnung)
c) Mehrparameterrechnung (Korrelationsrechnung)
d) Allgemeine Kostengleichungen
e) Relativkostenrechnung (VDI-Richtlinien)
2 Vergleichen und Schätzen
a) Pauschales Schätzen durch Vergleichen (Erfahrung)
b) Analytisches Schätzen (mit Faktoren)
c) Differenzkalkulation (+ mehr, − weniger)
d) Funktionsgruppenkalkulation
3 Ermitteln und Auswerten technologischer Daten
a) Generieren von Zeit- und Kostenwerten von Hand
b) Generieren von Zeit- und Kostenwerten mit EDV
c) Zuschlagskalkulation auf Kostenstellenbasis
d) Zuschlagskalkulation auf Kostenplatzbasis
e) Einzelkostenrechnung für A-Komponenten

Gewisse Regeln für fertigungsgerechtes Konstruieren lassen sich zwar dem Konstrukteur als Anregung vermitteln. Damit werden meist auch kostengünstige Wege aufgezeigt. Angaben über Tendenzen und Größenordnungen von Kosten reichen jedoch heute nicht mehr aus, weshalb quantitative, aussagefähige Verfahren aufzubauen waren.

Zur Ermittlung der Kalkulationen sind drei Hauptwege gebräuchlich:

1. Statistische Auswertung von technischen Grunddaten

Werden bereinigte und normierte (auf den speziellen Fall beziehungsweise Zeitpunkt bezogene) IST-Kosten in Abhängigkeit von ihren Einflussgrößen erfasst, dann können entweder durch graphische Näherung oder durch mehrfache Regressionsrechnungen die Parameter der Kostenfunktion ermittelt und so Ansatzwerte für Kalkulationen gefunden werden. Nach diesem Verfahren wurden die Kostengesetzmäßigkeiten von Abschn. 3.1, die Gewichtskostenrechnung als Beispiel einer „Einparameterrechnung" und die Relativkostenrechnung der VDI-Richtlinien ermittelt. Auch das pauschale „Schätzen" von Kostenwerten beruht bewusst oder unbewusst auf solchem Auswerten von Einflussgrößen.

Beispiele:

Liegen von der Tages- oder Nachkalkulation früher gefertigter Produkte systematisch aufbereitete Unterlagen vor, dann lassen sich diese in ähnlicher Weise verwenden wie Kalkulationsrichtwerte aus speziell aufbereiteten Tabellen. Es ist nun möglich und zweckmäßig, die Kalkulationsunterlagen so zu ergänzen, dass Vor-, Mitlaufende und Nachkalkulation den gleichen Aufbau haben (zum Beispiel: Gliederung nach Funktionsgruppen und Angabe von Fertigungszeiten, Materialeinzelkosten und Investitionen).

2. Vergleichen und Schätzen

Beim pauschalen Vergleichen und Schätzen von Kosten sollten stets die Vergleichsobjekte benannt und durch Angabe ihrer Fertigungszeiten und Materialkosten auch Hilfsgrößen aufgezeigt werden, die Hinweise auf entsprechende Werte des Schätzobjektes geben (vergleiche Abb. 40). Sammlungen von Teilen und Baugruppen aus der Wettbewerbsanalyse sind hierbei nicht nur anregend im Hinblick auf Kosten, sondern ebenso für die technisch-technologische Gestaltung und Materialwahl.

Pauschales Schätzen nach Vergleichen setzt vor allem Erfahrung voraus, insbesondere, wenn größere Umfänge, wie ganze Baugruppen oder Aggregate, so bewertet werden.

Hier setzt auch das Kalkulieren nach Funktionsgruppen ein, das gute Anregungen gibt für Wiederverwendung von bestehenden Komponenten.

Ob bei der Kalkulation von Varianten oder Änderungen analytisch mit Faktoren, also relativ geschätzt wird, oder ob die Mehr- oder Minderkosten absolut zugeschlagen werden, ergibt sich aus den Möglichkeiten des Einzelfalles.

3. Ermitteln und Auswerten technologischer Daten

Der dritte Weg, um Kalkulationsdaten für die mitlaufende Kalkulation zu erhalten, führt zunächst zu den technologischen Grundgrößen, wie Fertigungszeiten und Materialkosten sowie zu Überlegungen über zusätzliche Sondereinzelkosten. Können diese Werte einfach herausgearbeitet werden, sind Zuschlagskalkulationen auf Kostenstellenbasis oder auf Kostenplatzbasis anwendbar.

In zunehmendem Maße gelingt es auch direkt aus den CAD-Zeichnungen die technologischen Daten, wie Fertigungszeiten usw. zu generieren. Der Übergang auf Kosten verlangt dann nur noch ein kleines EDV-Ergänzungsprogramm.

Sind während der Entwicklung wesentliche Konstruktionsvergleiche zwischen alternativen Lösungen erforderlich, mit größeren Investitionen, dann kann es notwendig sein, solche Wirtschaftlichkeitsrechnungen durch Einzelkostenerfassung abzusichern. Derartige Rechnungen sind zwar aufwendig, sie allein führen jedoch zu zuverlässigen Entscheidungsunterlagen.

Je näher der Zeitpunkt der Realisierung kommt, desto genauer können und müssen die Kalkulationswerte der mitlaufenden Kalkulation sein und umso aufwendiger werden auch die Kalkulationsverfahren.

4.3.4
Wirtschaftliche Konstruktionsvergleiche

Zur unternehmerischen Beurteilung konstruktiver Alternativen dient der wirtschaftliche Konstruktionsvergleich.

Bei Lösungen, die sich nach Kriterien der Kunden technisch oder im Geltungswert unterscheiden, kann durch die Nutzwertanalyse oder durch technisch-wirtschaftliche Bewertung nach VDI R 2225 ein Vergleich angestrebt werden.

Bei äußerlich gleichwertigen Lösungen ist ein Kostenvergleich ausreichend. Als Entscheidungskosten sind vorwiegend die Herstellkosten anzusetzen und zwar:

a) als Vollkosten für langfristige Entscheidungen
b) als Grenzkosten und Opportunitätskosten bei Engpassbelegung und kurzfristigen Entscheidungen
c) als Grenzkosten bei freier Kapazität und kurzfristigen Entscheidungen.

Zuzüglich sind zu verrechnen:

- Sonderkosten der Entwicklung,
- Sonderbetriebsmittelkosten und eventuell
- Einführungskosten für neue Produkte.

Als Kalkulationsverfahren kann die Kostenstellen-Zuschlagskalkulation nur verwendet werden, wenn homogene Abteilungen bestehen oder gleichartige Fertigungen verglichen werden oder, wenn sehr umfangreiche Projekte zu untersuchen sind, so dass sich das Gesetz der großen Zahl auswirkt. Anderfalls ist Platzkostenrechnung (Kostenplatz-Zuschlagskalkulation) oder Einzelkostenerfassung erforderlich.

4.4
Ergebniskontrolle

Die Ergebniskontrolle bei Entwicklungsprojekten bezieht sich in Form der Tages- oder Nachkalkulation auf die Einhaltung der Kosten und in Form der Absatzmengenkontrolle auf die Erreichung der Mengenziele, denen langfristig die gleiche Bedeutung zukommt wie den Kostenzielen. Dabei ist der erzielbare Preis, als dritter Parameter, mit zu berücksichtigen.

4.4.1
Nachkalkulation

In der Nachkalkulation sind nun alle Plandaten des Mengengerüsts (der Zeiten-, Material- und Zulieferteile) durch IST-Werte ersetzt und die aktuellen Verrechnungssätze von Löhnen, Materialkosten und Gemeinkosten erfasst. Ferner sind angefallene, auftragsbedingte Mehrkosten notiert und in die Abschluss- oder Nachkalkulation einbezogen.

Sind bei der Vorkalkulation und bei der Begleitkalkulation die üblichen Veränderungen der Mengen und der Kostensätze während der Entwicklungs- und Produktionszeit gut abgeschätzt, dann wird die Nachkalkulation keine wesentlichen Abweichungen gegenüber der Vorkalkulation aufzeigen. Alle Abweichungen sind jedoch zur Verbesserung künftiger Kalkulationen auszuwerten.

Bei Serienprodukten ersetzt die sog. Tageskalkulation die Nachkalkulation. Hier werden nach Planwerten von Zeiten und Materialkosten und Planverrechnungssätzen die Herstellkosten ermittelt. Alle üblichen Abweichungen, wie Mehrarbeit, Nacharbeit, Ausschuss usw., schlagen sich dabei in den Gemeinkostensätzen nieder, deren Ansteigen bei Serienläufen durch besondere Aktionen gedrosselt werden muss.

4.4.2
Absatzmengenüberwachung

Bei allen Produkten, bei denen der Markt und nicht die eigene Kapazität die Absatzmengen begrenzt, ist eine Überwachung der Absatzmengen, unter Einbeziehung der erzielbaren Preise, auch für die Entwicklung sehr wichtig. Wie kommt das Produkt an?

Wie sind die Absatzmengen im Vergleich zum Vorgänger, zur früheren Produkten, zu Konkurrenzprodukten?

Wo sind die Schwachstellen und welche Stärken sind zu erkennen?

Wann ist eine Aktualisierung notwendig, wann die Vorbereitung eines Nachfolgers?

Zu diesem Zweck sind die Lebenskurven früherer Produkte aufzuzeigen und Kriterien zu suchen, die den Ablösetermin bestimmt haben oder bestimmen werden. Auf diese Weise ist der Entwickler in engem Kontakt mit dem Kunden und der Kreis geschlossen vom Suchen nach Bedürfnissen, der Zielsetzung, dem Konzipieren, dem Entwickeln, dem Bewerten, dem Ausführen und dem Kontrollieren. Die Kosten sind dabei von der Zielsetzung bis zur Kontrolle ein wichtiges Kriterium für die Bewertung der Entwicklungsaufgaben.

KAPITEL 5

Empfehlungen

Zum Abschluss sollen nun ein paar Aufgaben besprochen werden, die zur Auswertung der aufgezeigten Gesetzmäßigkeiten und Verfahren dienen können. Als Eigenleistung wird hierzu empfohlen, die rechte Seite des nachfolgenden Blattes nach der folgenden Anweisung auszufüllen und dort wo leere Zeilen sind, die notwendigen Ergänzungen zu planen.

Eine direkte Anwendung des behandelten Stoffs und zugleich eine Kontrolle, wie gut im eigenen Unternehmen die Kostenrechnung in den Angebots-, Entwicklungs-, Fertigungs- und Kontrollprozess integriert ist, kann anhand der Abbildungen 87 und 88 erfolgen.

Dort ist für Serienprodukte aufgezeigt, welche Aufgaben erforderlich sind, wenn die Wertanalyse in den Entwicklungsprozess integriert ist und als Wertgestaltung diesen Prozess begleitet im Hinblick auf Optimierung der Funktionen (Pflichtenheft), Kosten, Alternativen und Bewertungen nach verschiedenen Kriterien. (Für Unternehmen der Einzelfertigung kann analog hierzu der Entwicklungsablauf auf Abb. 84 in Abschnitt 4.3.2 verfolgt und detailliert werden).

Links im Bild 88 sind die Grund- und Teilschritte des Wertanalyse-Arbeitsplanes nach DIN 69910 [24] aufgezeigt. Im Mittelstreifen sind die Unterlagen und Tätigkeiten symbolisiert, die zur Entwicklungsoptimierung erforderlich sind, wobei jeweils analoge Unterlagen bei der Einzelfertigung zu benennen sind.

Im rechten Bilddrittel sind in die Kopfspalten die Stellen des jeweiligen Hauses zu benennen, die vom Angebots- bis zum Abrechnungsprozess eines Projekts mitwirken, wie Geschäftsleitung, Vertrieb, Entwicklung usw. Diese Stellen können als Initiator, individuell, als aktiver Mitarbeiter, als Informant oder als Beihilfe an den Projekten arbeiten, was durch entsprechende Symbole zu kennzeichnen ist.

Die Aufgabe besteht nun darin, zu überprüfen, ob die dort symbolisierten Arbeiten im eigenen Unternehmen ausgeführt werden, wer dafür

Grundschritt	Kalkulationstätigkeiten und sonstige Aufgaben
1. Projekt vorbereiten	Marktanalysen, Programmanalysen, Produktanalysen und Pflichtenhefterstellung sowie ein unterteilter Terminplan bieten die Basis für Angebote.
2. Objektsituation analysieren	Die Sammlung von Kostendaten, Funktionskosten- und Vergleichskosten der A-Teile und die Funktionsstrukturierung der Anfragen bilden und füllen das Kalkulationsschema.
3. SOLL-Zustand beschreiben	Im Angebot ist das Pflichtenheft (die Anforderungsliste), abgestimmt auf Kunden, Hersteller und Umwelt und aufgegliedert nach Mussfunktionen im Grundpreis und Wunschfunktionen gegen Aufpreis.
4. Lösungsideen entwickeln	Damit beim Entwickeln von Ideen die Entwickler nicht zu sehr ins „Schwärmen" kommen, sind die wirtschaftlichen Beurteilungen mit Begleitkalkulation und Wirtschaftlichkeitsrechnungen vorgesehen.
5. Lösungen festlegen	Mehrere Konzeptlösungen und Beurteilungen im „kleinen Kreis" stellen sicher, dass das Lösungsfeld ausgereizt wird. Die Nutzwertbeurteilung, bereits vor der Realisierung, klärt, dass auch der Kunde zufrieden sein wird. Die Begleitkalkulation zeigt den wirtschaftlichen Erfolg.
6. Lösungen verwirklichen	Auch während der Realisierung muss periodisch neben Terminen und der Funktionserprobungen die Kostenentwicklung verfolgt und im Abschlussbericht ausgewertet werden.

Abb. 87. Kalkulationaufgaben während eines Projekts

verantwortlich ist, wer es tut, mitarbeitet oder hilft. Dies ist durch entsprechende Eintragungen in den freien Zellen darzustellen.

Dort, wo danach noch freie Zeilen sind, ist zu überlegen, ob die benannten Arbeiten wirklich im Unternehmen nicht erforderlich sind, oder ob sie angestoßen werden sollten, um sicherzugehen, dass von der Angebotskalkulation bis zur Nachkalkulation die erforderliche „Kostenbegleitung" erfolgt und wirksam ist.

Die wichtigsten Kalkulationstätigkeiten in den einzelnen Grundschritten sollen kurz erwähnt werden.

Sind diese Kostenüberlegungen während der Entwicklung und Fertigung eines Erzeugnisses ständig im Blickfeld, gibt es keine Überraschungen wegen Kostenüberziehung.

Nach dieser Gesamtübersicht und teilweise zu ihrer Auswertung sind nun noch die untenstehenden Maßnahmen einzuleiten, soweit sie nicht bereits realisiert sind:

1. Sicherstellen, dass bei allen Entwicklungsaufgaben neben Funktions-, Termin- und Entwicklungskostenzielen auch „Produktkostenziele" vorgegeben werden.

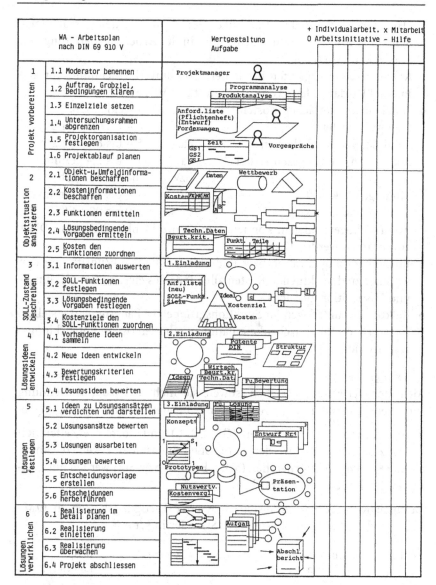

Abb. 88. Integration der Wertanalyse in den Entwicklungsprozess

2. „Herunterbrechen" der Produktkostenziele bis zu den „Verantwortlichen am Brett bzw. Bildschirm," und in der Arbeitsvorbereitung evt.
„Zielzeiten" vorgeben.
3. Kostengesetzmäßigkeiten in kleiner Broschüre (in Richtlinie) für alle
Entwickler darstellen (Vergl. Abschnitt 3.1 Abb. 39).
4. Erstellen von einfachen Kostenrichtlinien für Entwickler, z. B.

Grauguss kostet	ca.	4,- bis 6,- €/kg
Stahl-Schmeideteile kosten	ca.	5,- bis 8,- €/kg
Maschinenfertigungszeit kostet	ca.	1,- bis 3,- €/min
	bzw.	60 bis 180 €/h
Montagezeit kostet	ca.	1,- bis 1,50 €/min
	bzw.	60 bis 90 €/h

usw. (Richtwerte hierfür können dem Kennzahlenkompass des VDMA
entnommen werden [25]).
5. Kostenberatung am Brett bzw. Bildschirm aufbauen (Zugriff über den
Rechner zu den aktuellen Kosten aller Teile des eigenen Entwicklungs-
und Dispositionsbereichs).
6. Kalkulationsunterlagen für Funktionsgruppen ($\approx$ Baugruppen) erstellen.
7. Organisation für Zwischenkalkulationen schaffen (wenn Entwicklungszeit > 3 Monate).

Zeichenerklärung
Mehrfach verwendete Zeichen, soweit sie nicht bei jeder Anwendung
direkt erklärt sind. Für alle Betrachtungen gelten folgende Festlegungen:

• Alle Kosten in Geldeinheiten (GE z. B. €) und Kosten je Zeiteinheit
(ZE z. B. Jahr bzw. a) werden mit großen Buchstaben gekennzeichnet.
• Alle Kosten je Mengeneinheit (ME z. B. Stück bzw. Stk) werden mit klei-
nen Buchstaben gekennzeichnet.

Beispiel: K_f = Fertigungskosten in € oder Fertigungskosten in €/Mo
und k_f = Fertigungskosten in €/Stk oder in €/t o. ä.

Zeichen	Bedeutung	Dimension	Beispiel-
$a_1, a_2, \dots$	Faktoren	1	Einheit
$b_1, b_2, \dots$			1
C	Kapitalwert	GE	€
db	Deckungsbeitrag	GE oder GE/ME	€ oder GE/Stk
DB	Deckungsbeitrag	GE/ZE	€/a
d_n	Nutzungsdauer	ZE	€/a
E	Erlös	GE/ZE	€/a

Zeichen	Bedeutung	Dimension[a]	Beispiel-Einheit
$a_1, a_2, \ldots$	Faktoren	1	
$b_1, b_2, \ldots$		1	
e	Erlös	GE/ME	€/Stk
G	Gewinn	GE/ZE	€/a
g	Gewin	GE/ME	€/Stk
I	Investitionsbetrag	GE	€
i	Zinssatz	1/ZE	1/a
K	Kosten	GE	€
K	Kosten	GE/ZE	€/a
K_{fix}	Fixkosten	GE/ZE	€/a
K_{var}	Variable Kosten	GE/ZE	€/a
k	Kosten	GE/ME	€/Stk
k_{fix}	Fixkosten	GE/ME	€/Stk
k_{var}	Variable Kosten	GE/ME	€/Stk
k_{gr}	Grenzkosten	GE/ME	€/Stk
k_f	Fertigungskosten	GE/ME	€/Stk
k_m	Materialkosten	GE/ME	€/Stk
k_h	Herstellkosten	GE/ME	€/Stk
k_s	Selbstkosten	GE/ME	€/Stk
k_r	Rüstkosten	GE/ME	€/Stk
L	Liquidationserlös	GE	€
L	Lohnsatz	GE/ZE	€/h
M	Mengenleistung	ME/ZE	Stk/a
M_{gr}	Grenzleistung	ME/ZE	Stk/a
n	Zahlenwert	1	1
n	Menge	ME	Stk
n_{gr}	Grenzmenge	ME	Stk
P	Leistung	Arbeit/ZE	kWh/h
q	Zinsfaktor $(1 + i)$	1	1
T	Tausend = 1000 = 10^3	1	T€
t	Zeit	ZE	a
V	Verlust	GE/ZE	€/ZE
$x, y, \ldots$	Beliebige Größe	1	1
$\alpha, \beta, \ldots$	Exponenten	1	1
κ (Kappa)	Kapitalwiedergewinnungsfaktor	1/ZE	1/a

[a] GE = Geldeinheit
   ME = Mengeneinheit
   ZE = Zeiteinheit

Abzinsungsfaktoren $\alpha = \dfrac{1}{(1+i)^n}$

Jahr							Zinssatz in % p.a.						
	5	6	8	10	12	14	15	16	18	20	25	30	35
1	0,9524	0,9434	0,9259	0,9091	0,8929	0,8772	0,8696	0,8621	0,8475	0,8333	0,8000	0,7692	0,7407
2	0,9070	0,8900	0,8573	0,8264	0,7972	0,7695	0,7561	0,7432	0,7182	0,6944	0,6400	0,5917	0,5487
3	0,8638	0,8396	0,7938	0,7513	0,7118	0,6750	0,6575	0,6407	0,6086	0,5787	0,5120	0,4552	0,4064
4	0,8227	0,7921	0,7350	0,6830	0,6355	0,5921	0,5718	0,5523	0,5158	0,4823	0,4096	0,3501	0,3011
5	0,7835	0,7473	0,6806	0,6209	0,5674	0,5194	0,4972	0,4761	0,4371	0,4019	0,3277	0,2693	0,2230
6	0,7462	0,7050	0,6302	0,5645	0,5066	0,4550	0,4323	0,4104	0,3704	0,3349	0,2621	0,2072	0,1652
7	0,7107	0,6651	0,5835	0,5132	0,4523	0,3996	0,3759	0,3538	0,3139	0,2791	0,2097	0,1594	0,1224
8	0,6768	0,6274	0,5403	0,4665	0,4039	0,3506	0,3269	0,3050	0,2660	0,2326	0,1678	0,1226	0,0906
9	0,6446	0,5919	0,5002	0,4241	0,3606	0,3075	0,2843	0,2630	0,2255	0,1938	0,1342	0,0943	0,0671
10	0,6139	0,5584	0,4632	0,3855	0,3220	0,2697	0,2472	0,2267	0,1911	0,1615	0,1074	0,0725	0,0497
11	0,5847	0,5268	0,4289	0,3505	0,2875	0,2366	0,2149	0,1954	0,1619	0,1346	0,0859	0,0558	0,0368
12	0,5568	0,4970	0,3971	0,3186	0,2567	0,2076	0,1869	0,1685	0,1372	0,1122	0,0678	0,0429	0,0273
13	0,5303	0,4688	0,3677	0,2897	0,2292	0,1821	0,1625	0,1452	0,1163	0,0935	0,0550	0,0330	0,0202
14	0,5051	0,4423	0,3405	0,2633	0,2046	0,1597	0,1413	0,1252	0,0985	0,0779	0,0440	0,0254	0,0150
15	0,4810	0,4173	0,3152	0,2394	0,1827	0,1401	0,1229	0,1079	0,0835	0,0649	0,0352	0,0195	0,0111
16	0,4581	0,3936	0,2919	0,2176	0,1631	0,1229	0,1069	0,0930	0,0708	0,0541	0,0281	0,0150	0,0082
17	0,4363	0,3714	0,2703	0,1978	0,1456	0,1078	0,0929	0,0802	0,0600	0,0451	0,0225	0,0116	0,0061
18	0,4155	0,3503	0,2502	0,1799	0,1300	0,0946	0,0808	0,0691	0,0508	0,0376	0,0180	0,0089	0,0045
19	0,3957	0,3305	0,2317	0,1635	0,1161	0,0829	0,0703	0,0596	0,0431	0,0313	0,0141	0,0068	0,0033
20	0,3769	0,3118	0,2145	0,1486	0,1037	0,0728	0,0611	0,0514	0,0365	0,0261	0,0115	0,0053	0,0025
21	0,3589	0,2942	0,1987	0,1351	0,0926	0,0638	0,0531	0,0443	0,0309	0,0217	0,0092	0,0040	0,0018
22	0,3418	0,2775	0,1839	0,1228	0,0826	0,0560	0,0462	0,0382	0,0262	0,0181	0,0074	0,0031	0,0014
23	0,3256	0,2618	0,1703	0,1117	0,0738	0,0491	0,0402	0,0329	0,0222	0,0151	0,0059	0,0024	0,0010
24	0,3101	0,2470	0,1577	0,1015	0,0659	0,0431	0,0349	0,0284	0,0188	0,0126	0,0047	0,0018	0,0007
25	0,2953	0,2330	0,1460	0,0923	0,0588	0,0378	0,0304	0,0245	0,0160	0,0105	0,0038	0,0014	0,0006
26	0,2812	0,2198	0,1352	0,0839	0,0535	0,0331	0,0264	0,0211	0,0135	0,0087	0,0030	0,0011	0,0004
27	0,2678	0,2074	0,1252	0,0763	0,0469	0,0291	0,0230	0,0182	0,0115	0,0073	0,0024	0,0009	0,0003
28	0,2551	0,1956	0,1159	0,0693	0,0419	0,0255	0,0200	0,0157	0,0097	0,0061	0,0019	0,0006	0,0002
29	0,2429	0,1846	0,1073	0,0630	0,0374	0,0224	0,0174	0,0135	0,0082	0,0051	0,0015	0,0005	0,0002
30	0,2314	0,1741	0,0994	0,0573	0,0334	0,0196	0,0151	0,0116	0,0070	0,0042	0,0012	0,0004	0,0001

Kapitalwiedergewinnungsfaktoren in Jahreswerten

$$\kappa = \frac{i(1+i)^n}{(1+i)^n - 1} \cdot \frac{1}{\text{Jahr}}$$

Nutzungsdauer in Jahren	Zinssatz in % p.a.											
	0	2	4	6	8	10	12	15	20	25	30	35
1	1,00000	1,02000	1,04000	1,06000	1,08000	1,10000	1,12000	1,15000	1,20000	1,25000	1,30000	1,35000
2	0,50000	0,51505	0,53020	0,54544	0,56077	0,57619	0,59170	0,61512	0,65455	0,69444	0,73478	0,77553
3	0,33333	0,34675	0,36035	0,37411	0,38803	0,40211	0,41635	0,43798	0,47473	0,51230	0,55063	0,58966
4	0,25000	0,26262	0,27549	0,28859	0,30192	0,31547	0,32923	0,35027	0,38629	0,42344	0,46163	0,50076
5	0,20000	0,21216	0,22463	0,23740	0,25046	0,26380	0,27741	0,29832	0,33438	0,37185	0,41058	0,45046
6	0,16667	0,17853	0,19076	0,20336	0,21632	0,22961	0,24323	0,26424	0,30071	0,33882	0,37839	0,41926
7	0,14286	0,15451	0,16661	0,17913	0,19207	0,20541	0,21912	0,24036	0,27742	0,31634	0,35687	0,39880
8	0,12500	0,13651	0,14853	0,16104	0,17401	0,18744	0,20130	0,22285	0,26061	0,30040	0,34191	0,38489
9	0,11111	0,12252	0,13449	0,14702	0,16008	0,17364	0,18768	0,20957	0,24808	0,28876	0,33124	0,37519
10	0,10000	0,11133	0,12329	0,13587	0,14903	0,16275	0,17698	0,19925	0,23852	0,28007	0,32346	0,36832
11	0,09091	0,10218	0,11415	0,12679	0,14008	0,15396	0,16842	0,19107	0,23110	0,27349	0,31773	0,36339
12	0,08333	0,09456	0,10655	0,11928	0,13270	0,14676	0,16144	0,18448	0,22526	0,26845	0,31345	0,35982
13	0,07692	0,08812	0,10014	0,11296	0,12652	0,14078	0,15568	0,17911	0,22062	0,26455	0,31024	0,35722
14	0,07143	0,08260	0,09467	0,10758	0,12130	0,13575	0,15087	0,17469	0,21689	0,26150	0,30782	0,35532
15	0,06667	0,07783	0,08994	0,10296	0,11683	0,13147	0,14682	0,17102	0,21388	0,25912	0,30598	0,35393
16	0,06250	0,07365	0,08582	0,09895	0,11298	0,12782	0,14339	0,16795	0,21144	0,25730	0,30458	0,35290
17	0,05882	0,06997	0,08220	0,09544	0,10963	0,12466	0,14046	0,16537	0,20944	0,25576	0,30351	0,35214
18	0,05556	0,06670	0,07899	0,09236	0,10670	0,12193	0,13794	0,16319	0,20781	0,25458	0,30269	0,35158
19	0,05263	0,06378	0,07614	0,08962	0,10413	0,11955	0,13576	0,16134	0,20646	0,25366	0,30207	0,35117
20	0,05000	0,06116	0,07358	0,08718	0,10185	0,11746	0,13388	0,15976	0,20536	0,25292	0,30159	0,35087
25	0,04000	0,05122	0,06401	0,07823	0,09368	0,11017	0,12752	0,15470	0,20212	0,25095	0,30043	0,35019
30	0,03333	0,04465	0,05783	0,07265	0,08883	0,10603	0,12414	0,15230	0,20085	0,25031	0,30011	0,35004
40	0,02500	0,03656	0,05052	0,06646	0,08386	0,10225	0,12130	0,15056	0,20014	0,25003	0,30001	0,35000
50	0,02000	0,03182	0,04655	0,06344	0,08174	0,10005	0,12042	0,15014	0,20002	0,25003	0,30001	0,35000
100	0,01000	0,02320	0,04081	0,06018	0,08004	0,10001	0,12000	0,15000	0,20000	0,25000	0,30000	0,35000

Literaturverzeichnis

1. DIN 32992 (1989) Kosteninformation, Teil 1 bis 3. Beuth, Berlin
2. Mellerowics K (1968) Allgemeine Betriebswirtschaftslehre, 12. Ausgabe. Berlin
3. Bronner AE (1964) Vereinfachte Wirtschaftlichkeitsrechnung. Beuth, Berlin
4. Riebel P (1976) Einzelkosten und Rechnungsbeitragsrechnung, 2. Aufl. Westdt. Verlag, Opladen
5. Bronner AE (1966) Zukunft und Entwicklung – Kostengesetze, Werkstattstechnik. Springer, Berlin
6. de Jong (1965) Fertigkeit, Stückzahl und benötigte Zeit, REFA – Nachrichten Sonderheft. Darmstadt
7. Schieferer G (1956) Vorplanung des Anlaufs einer Serienfertigung, Diss. Universität, Stuttgart
8. Andler (1926) Wirtschaftliche Losgröße, Diss. Universität, Erlangen
9. Müller-Merbach H (1971) Operations Research, Methoden und Modelle, 2. Aufl. Moderne Industrie, Landsberg/Lech
10. Maxcy and Silverston Automobilproduktion, 2. Aufl
11. VDI-Richtlinie 2225 (1977) Technisch-wirtschaftliches Konstruieren. VDI-Verlag, Düsseldorf
12. Schick PW (1991) Management im Fertigungsbereich, 2. Aufl. Moderne Industrie, Landsberg/Lech
13. Ehrlenspiel K (1985) Kostengünstig Konstruieren. Springer, Heidelberg
14. Pacyna VDI-Bericht Nr. 362 (1980) Einfluß der konstruktiven Gestaltung auf Gußkosten. VDI-Verlag, Düsseldorf
15. Pflieger H (1993) Das Rechnen mit Maschinenstundensätzen, 7. Aufl. VDMA, Frankfurt
16. VDI-Richtlinie 3258 (1970) Maschinenstundensatzrechnung. VDI-Verlag, Düsseldorf
17. Horvath P, Renner A (1990) Prozesskostenrechnung Konzept, Realisierung. Fortschrittliche Betriebsführung + IE H3, Darmstadt
18. Mayer R (1991) Prozesskostenrechnung und Prozesshierarchie. IFVA Hozvath, München
19. Bronner EO (1960) Anlagenplanung Fertigungsplanung Organisationsplanung, Holzwirtschaftliches Jahrbuch 9. Holz-Zentralblatt
20. Nadler G (1969) Arbeitsgestaltung – zukunftsbewußt. Hanser, München
21. Bronner AE (1962) Handbuch der Rationalisierung. expert, Ehringen
22. VDI-Richtlinie 2222 (1977) Konzipieren technischer Produkte. VDI-Verlag, Düsseldorf

23. Ehrlenspiel K (1978) Auswertung von Wertanalaysen. Abschlußbericht SSPKon-struktionsforschung, München
24. DIN 69910
25. VDMA (Hrsg.) Betriebswirtschaft, Kennzahlen-Kompaß. Maschinenbauverlag, Frankfurt
26. Bamberg G, Bauer F (1987) Statistik, Oldenbourg, München–Wien
27. Barth Ch (1997) Rechnergestützte Kalkulation von Schnitt- und Umformwerk-zeugen, Unveröffentlichte Arbeit, Universität Karlsruhe
28. Hartung I (1992) Multivariate Statistik, Lehr- und Handbuch der angewandten Statistik, Oldenbourg, München–Wien
29. Braitenberg V, Schütz A (1989) Cortex: Hohe Ordnung oder größtmögliches Durcheinander? 5/89, Spektrum der Wissenschaft, Heidelberg
30. Hoffmann N (1993) Kleines Handbuch neuronaler Netze, Vieweg, Braun-schweig–Wiesbaden
31. Büttner K, Kohlhase N, Birkhofer H (1995) Rechnergestütztes Kalkulieren kom-plexer Produkte mit neuronalen Netzen, Konstruktion, Springer, Berlin Heidel-berg

Ergänzende Literatur

Ahlert D, Franz K-P (1979) Industrielle Kostenrechnung, 2. Aufl. VDI, Düsseldorf

Bronner AE (1988) Einsatz der Wertanalyse in Fertigungsbetrieben, RKW TÜV, Frankfurt, Köln

Deutsche Bank (1990) Marktchancen erkennen und gezielt nutzen. Ideen für Ihre Unternehmensführung, 2. Aufl. Deutsche Bank, Frankfurt/M.

Gall H, Schumacher D (1978) Ideen erobern Märkte, DIHT, Bonn

Rauschenbach T (1978) Kostenoptimierung konstruktiver Lösungen, T31. VDI, Düsseldorf

Specht R (1986) Descartes, Rowohlt, Reinbek

VDI-Gesellschaft Konstruktion und Entwicklung (1982) Marketing und Produktplanung, VDI, Düsseldorf

VDI-Gesellschaft Konstruktion und Entwicklung (1983) Angebotserstellung in der Investitionsgüterindustrie, VDI, Düsseldorf

VDI-Gesellschaft Konstruktion und Entwicklung (1983) Systematische Produktplanung, 2. Aufl. VDI, Düsseldorf

VDI-Zentrum Wertanalyse (1991) Wertanalyse Idee – Methode – System, 4. Aufl. VDI, Düsseldorf

Sachwortverzeichnis